FOLKO KULLMANN

Gärtnern mit dem HOCHBEET

So einfach geht's

FOLKO KULLMANN

Gärtnern mit dem HOCHBEET

So einfach geht's

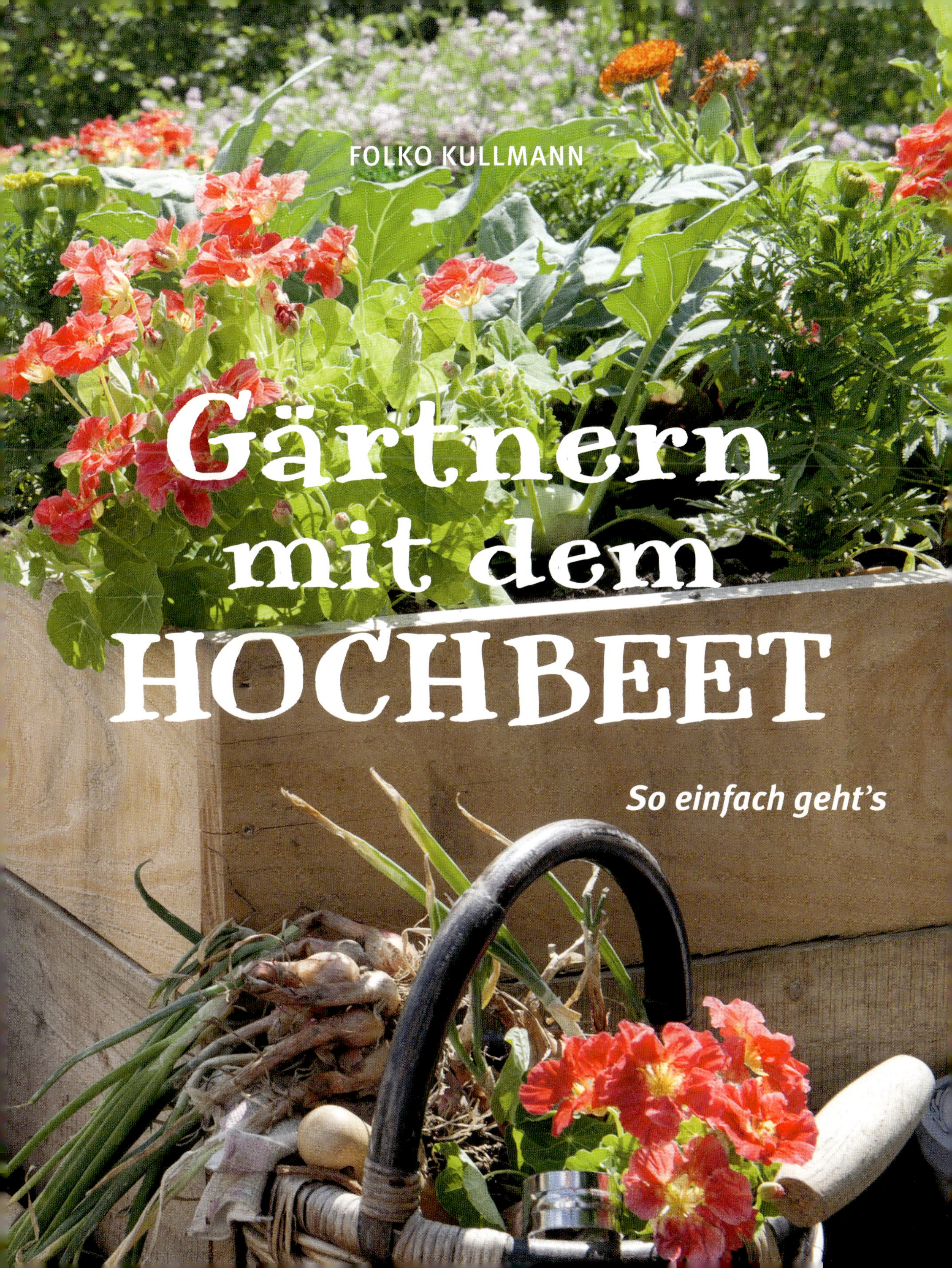

INHALT

HOCHBEETE IM Garten 6

PLANEN UND bauen 28

PFLANZEN UND pflegen 64

DIE GU-QUALITÄTS-GARANTIE

Wir möchten Ihnen mit den Informationen und Anregungen in diesem Buch das Leben erleichtern und Sie inspirieren, Neues auszuprobieren. Bei jedem unserer Produkte achten wir auf Aktualität und stellen höchste Ansprüche an Inhalt, Optik und Ausstattung. Alle Informationen werden von unseren Autoren und unserer Fachredaktion sorgfältig ausgewählt und mehrfach geprüft. Deshalb bieten wir Ihnen eine 100 %ige Qualitätsgarantie.

Darauf können Sie sich verlassen:
Wir legen Wert auf einen nachhaltigen Umgang mit der Natur im eigenen Garten. Wir garantieren, dass:

- alle Anleitungen und Tipps von Experten in der Praxis geprüft und
- durch klar verständliche Texte und Illustrationen einfach umsetzbar sind.

Wir möchten für Sie immer besser werden:
Sollten wir mit diesem Buch Ihre Erwartungen nicht erfüllen, lassen Sie es uns bitte wissen! Nehmen Sie einfach Kontakt zu unserem Leserservice auf. Sie erhalten von uns kostenlos einen Ratgeber zum gleichen oder ähnlichen Thema. Die Kontaktdaten unseres Leserservice finden Sie am Ende dieses Buches.

GRÄFE UND UNZER VERLAG
Der erste Ratgeberverlag – seit 1722.

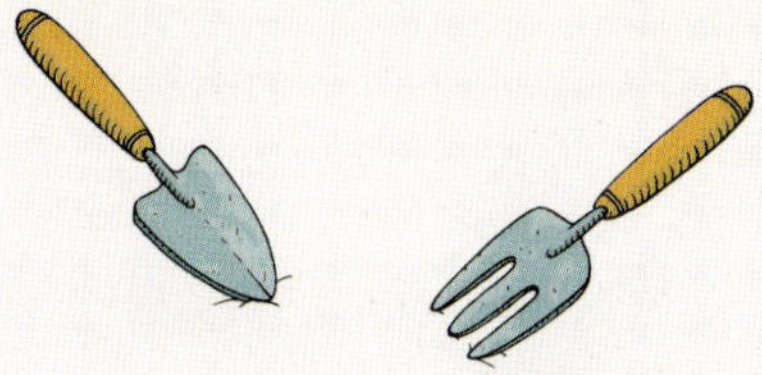

HOCH-BEETE IM Garten

HOCHBEETE SIND GENIAL. Es gibt sie in unterschiedlichen Materialien und Bauweisen, für jeden Geschmack, Gartenstil und Geldbeutel. Egal ob elegantes Stein-Hochbeet oder rustikal aus Holz: Mit einem Hochbeet sind Sie unabhängig vom gewachsenen Boden und können überall Gemüse, Kräuter, Blumen und kleine Sträucher kultivieren – und das alles, ohne sich bücken zu müssen. Hochbeete sind aber auch ideale Raumteiler und vielseitig einsetzbar bei der Gestaltung Ihres Traumgartens.

VIELSEITIGE HOCHBEETE
Allround-Talente für jeden Garten

Mit Hochbeeten können Sie fast jede Pflanze in Ihrem Garten, auf der Terrasse und dem Balkon anbauen. Hochbeete gliedern den Garten und erweitern seine Nutzungsmöglichkeiten. Kurzum: Sie sind eine wirkliche Bereicherung des Gartens.

DIE IDEE, Pflanzen auf erhöhten Beeten anzubauen ist nicht neu. Schon im Mittelalter wurden sogenannte Hügelbeete angelegt, weil man festgestellt hatte, dass sich viele Pflanzen besser entwickeln, wenn sie nicht auf dem flachen Boden wachsen. Durch die leicht geneigte Beetoberfläche eines Hügelbeets trifft die Sonnenstrahlung im Frühling in einem steileren Winkel auf den Boden und erwärmt diesen schneller. Damit die Erde beim Gießen nicht weggeschwemmt wird, kam man recht schnell darauf, die Ränder der Beete mit Holzbalken, Brettern oder Weidenflechtzäunen zu befestigen – und so war der Weg vom einfachen, eingefassten Gemüsebeet zum Hochbeet vorgezeichnet. Dieses hat zwar keine geneigten Flächen mehr, aber die Erde erwärmt sich auch hier schneller, weil die Sonnenstrahlen ja auch auf die Seiten des Beets treffen. Gärtner der französischen Potagerien (Gemüsegärten) und der Gärten in der edwardianischen Zeit in England machten sich in Mistbeeten ebenfalls den Effekt zunutze, dass Wärme das Wachstum fördert. Allerdings entsteht bei diesen Beeten die Wärme, weil der in einem Graben unter dem Beet eingebrachte frische Stallmist verrottet und seine Wärme an den umliegenden Boden abgibt. Was lag also näher, als diese verschiedenen Beetformen und Anbaumethoden zu kombinieren und weiterzuentwickeln? Und so entstanden die ersten Kastenbeete zur Kultur empfindlicher, wärmeliebender Gemüse- und Obstarten in den Gärten der englischen und französischen Aristokratie. Sie fanden schnell ihren Weg in die Gärten der einfachen Bürger.

Hochbeete können mehr

Hochbeete können aber noch viel mehr. Sie sind ideal, wenn Sie im Garten oder auf der Terrasse Gemüse anbauen möchten, aber nicht so viel Zeit für Unkraut jäten, Schnecken bekämpfen, Bodenverbesserung sowie Fruchtfolge und Mischkultur aufbringen möchten wie in einem traditionellen Gemüsegarten.
Ein Hochbeet ist wie eine kleine Intensivkultur. Sie können auf derselben Fläche mehr und häufiger ernten wie in einem normalen Gemüsegarten. Ein Hochbeet lässt sich auch direkt an oder auf der Terrasse aufstellen, so haben Sie immer frische Kräuter und Gemüse zur Hand und müssen bei Regen zum Ernten nicht durch den Garten laufen.

Gartengestaltung mit Hochbeeten

Mit Hochbeeten können Sie Ihren Garten in unterschiedliche Nutzungsbereiche gliedern, Hänge abfangen, organische Gartenabfälle kompostieren, ohne dass der Anblick stört, und Pflanzen anbauen, die in der normalen Erde in Ihrem Garten nicht gedeihen würden.
Egal wie groß der Garten ist, ein Hochbeet ist immer eine Bereicherung – und wenn Sie erst einmal mit dem Hochbeetgärtnern angefangen haben, werden Sie es nicht mehr missen wollen.

Frisch aus dem eigenen Garten geerntet, schmeckt Salat unvergleichbar knackig und frisch. Im Hochbeet angebaut, können Sie ernten, ohne sich zu bücken.

ZAHLREICHE VORTEILE

Unendliche Möglichkeiten

Hochbeete bieten so viele Möglichkeiten, dass man sich wundert, warum man sich noch nicht eher eines in den eigenen Garten geholt hat. Und warum nicht mehr Menschen mithilfe von Hochbeeten unbeschwert und bequem gärtnern.

Bei einem trichterförmigen Hochbeet können Sie besonders nah an die Pflanzen herantreten.

GÄRTNERN IN Hüfthöhe hat viele Vorteile, nicht nur, dass man sich zum Pflegen und Ernten nicht bücken muss.

Nie wieder Kreuzschmerzen

Hochbeete sind ideal, wenn Sie beim Gärtnern auf lästiges Umgraben verzichten und weniger hacken und jäten möchten. Mit einem Hochbeet macht man sich im wahrsten Sinne des Wortes »den Rücken nicht krumm«. Alle Arbeiten – Aussaat, Einpflanzen, Auszupfen überzähliger Setzlinge, Pflege und Ernte – lassen sich bequem im Stehen oder sogar im Sitzen auf einem Gartenstuhl neben dem Beet ausführen. Und zum Verschnaufen können Sie sich auf der Beetumrandung abstützen.

Ein weiterer Vorteil des erhöhten Anbaus ist, dass Sie Ihre Pflanzen immer im Blick haben und schnell erkennen, ob gegossen werden muss oder ob die Erdbeeren schon reif sind.

Mehr Ertrag

Die Pflanzen bekommen im Hochbeet genau die Erde, die sie brauchen. Auch dies führt dazu, dass die Ernte bei Kräutern und Gemüse deutlich höher ausfällt als in einem normalen Gemüsegarten.

Nährstoffreiche Erde

In ein Hochbeet können Sie hineinfüllen, was Sie möchten – klassisch die Kompost-Schichtung (→ Seite 58) oder spezielle, nährstoffreiche Pflanzerde (→ Seite 59) für Tomaten oder Blattgemüse. Auch eine Kompost-Erde-Mischung erweist sich als Wachstumsbooster, denn auch sie enthält mehr Nährstoffe als die Erde im flachen Beet im Gemüsegarten. Mehr Nährstoffe bedeuten schnelleres Wachstum, größere Blätter, dickere Wurzeln und mehr Blüten – Sie können also nicht nur mehr, sondern auch eher ernten und durchaus ein oder zwei Sätze Salat, Küchenkräuter, Möhren oder Radieschen mehr anbauen als in einem Grundbeet mit normaler Erde auf dem Boden.

Weniger Probleme

Schnecken, Unkraut, Wühlmäuse, Pilzkrankheiten wie die Kraut- und Braunfäule bei Tomaten, Kohlhernie an den Wurzeln der Kohlgewächse und Gemüsefliegen an Möhren – jeder Gemüsegärtner kann ein Lied davon singen. Natürlich können auch in einem Hochbeet Krankheiten und Schäd-

linge auftreten, denn es ist ja kein steriler Operationssaal. Aber von den meisten unerwünschten »Gästen« bleiben Ihre Schützlinge verschont. So fliegen Gemüsefliegen selten höher als 50 cm über dem Boden – und so sind Ihre Möhren im Hochbeet von ganz allein außer Reichweite der lästigen Schädlinge, und Ihre Tomaten sind hoch über dem Erdboden vor Braunfäulepilzen geschützt.

Gärtnern ohne Unkrautjäten

Wenn sich im Hochbeet »unerwünschte Beikräuter« zeigen, lassen sie sich einfach und bequem im Handumdrehen auszupfen, bevor sie groß und lästig werden oder sich gar versamen. Wurzelunkräuter wie Giersch, Quecke und Ackerwinde treten im Hochbeet praktisch nicht auf.

Keine Chance für Schnecken

Schnecken sind Kletterkünstler und könnten problemlos jedes noch so hohe Hochbeet erklimmen. Im Gegensatz zum Gemüsebeet können Sie Ihre Gemüsepflanzen jedoch viel effizienter und mit weniger Aufwand vor den gefräßigen Mollusken schützen. Kupferbänder, die um das Beet gespannt werden, stellen ein erstes Hindernis dar, und auch ein klassischer Schneckenzaun kann einfacher am Rand des Hochbeets angebracht werden als um ein Gemüsebeet. Da es vorkommen kann, dass sich an gekauften Jungpflanzen oder in der Pflanzerde bzw. dem Kompost zum Füllen Schneckeneier befinden, sollten Sie für alle Fälle ein umweltverträgliches Schneckenkorn auf Eisen-III-Basis bereithalten. Meist reicht eine einmalige Behandlung der Pflänzchen im Frühling aus, um den Rest der Gartensaison Ruhe vor lästigen Schnecken zu haben.

Praxistipp

Die Anbausaison im Hochbeet beginnt im Durchschnitt schon zwei Wochen früher als im normalen Gemüsegarten, denn die Erde im Hochbeet erwärmt sich schneller, da die Sonnenstrahlen nicht nur auf die Erdoberfläche, sondern auch die Seiten treffen. Auch die Verrottungswärme in Kompost-Hochbeeten sorgt dafür, dass die Erde um 1–4 °C wärmer sein kann als der flache Boden im Beet.

Pflanzen mit Sonderwünschen

Da ein Hochbeet mit jeder beliebigen Erde oder speziellen Substraten befüllt werden kann, können Sie auch Pflanzen anbauen, die in ihrem normalen Gartenboden nicht wachsen, z. B. mediterrane Kräuter, die einen mageren Boden brauchen.

Steine speichern tagsüber die Sonnenwärme und geben sie nachts an die Pflanzen ab.

Mit einem einfachen Weidenflechtzaun lassen sich Beete hübsch einfassen.

Im Hochbeet ist der Anbau von Gemüse sogar auf gepflasterten Flächen möglich. Durch das große Erdvolumen ist der Pflegeaufwand viel geringer als bei der Topfkultur, denn man muss nicht so häufig gießen. Doch ab und zu brauchen Gemüse und Küchenkräuter natürlich auch im Hochbeet Wasser.

Worauf muss man achten?

Wo Sie Ihr zukünftiges Hochbeet im Garten aufstellen, hängt von verschiedenen Faktoren ab.

* Welche Pflanzen möchten Sie anbauen? Gemüse und Kräuter brauchen den sonnigsten Platz und sind für einen windgeschützten Standort dankbar (→ Seite 32/33).
* Überlegen Sie sich den Standort genau, denn ein Hochbeet, das mit Kompost oder Erde gefüllt ist, kann man nicht mehr so einfach umstellen oder woanders platzieren wie einen großen Pflanzkübel oder Container.
* Je höher das Hochbeet ist, desto mehr Material benötigen Sie zur Füllung. Ein normales Hochbeet für den Gemüsegarten mit den Maßen 2 × 1,2 × 0,8 m (Länge × Breite × Höhe) hat ein Volumen von knapp 2 m^3, das sind ungefähr 25 Säcke mit Kompost- oder Pflanzerde, die gut 1,5 Tonnen wiegen. Dieses Material muss in den Garten transportiert werden, wenn Sie nicht genug Kompost aus dem eigenen Garten haben. Ist der Transport auf den Wegen, die in Ihren Garten führen, möglich?
* Wenn das Hochbeet auf einer versiegelten Oberfläche wie einem betonierten Innenhof oder einer gepflasterten Terrasse aufgestellt wird, ist eine Dränage sinnvoll, damit sich keine Staunässe bildet (→ Seite 23). Wenn überschüssiges Wasser nicht abfließen kann, verdrängt es die Luft aus dem Boden, und die Wurzeln ersticken aufgrund von Sauerstoffmangel und verfaulen – schließlich stirbt die ganze Pflanze ab. Außerdem sieht es nicht besonders schön aus, wenn das dunkle Sickerwasser aus den Fugen zwischen Beet und Boden rinnt und sich auf der Terrasse ausbreitet.

Hochbeet als Gartenelement

Wenn das Hochbeet als Gartengestaltungselement dienen soll, dann ist die Optik wichtig. Einem einfachen Hochbeet aus Holz, das für den Gemüsegarten völlig ausreicht, sieht man schon im zweiten Jahr an, dass es Wind und Wetter trotzen musste. Soll das Beet an die Terrasse grenzen oder im Blickfeld des Hauses liegen, sind Konstruktionen aus Naturstein, Ziegeln (Klinker) oder Metall auf

Dauer wesentlich attraktiver. Soll es doch ein Holzbeet sein, dann können Sie mit einem ungiftigen Anstrich sein Aussehen verschönern (→ Seite 39).

Hochbeete mit geschwungenen Mauern wirken dynamisch und fügen sich harmonisch in den Garten ein.

Hochbeet im Nutzgarten

Ein Hochbeet zum Anbau von Gemüse und Kräutern muss vor allem eins sein: praktisch. Das bedeutet, dass es vom Haus aus leicht zu erreichen sein sollte, ohne dass man über offene Wege oder Rasenflächen laufen muss – schließlich möchten Sie auch bei Regen schnell ein paar Stängel Petersilie für den Salat schneiden, ohne nasse Füße zu bekommen. Gleichzeitig ist es immer gut, »seine« Pflanzen im Blick zu haben, denn vor allem im Sommer während anhaltender Hitzeperioden sind regelmäßige Wassergaben notwendig. Da die Pflanzen in einem Hochbeet dichter stehen können als im normalen Grundbeet, müssen sie häufiger mit Wasser versorgt werden. Ein Wasseranschluss oder Schlauch in der Nähe sind deshalb eine gute Idee. Zum Anbau von Gemüse eignet sich am besten ein rechteckiges Hochbeet, da man es einfach in Reihen oder Quadrate zum Säen und Pflanzen einteilen kann. Pflegemaßnahmen und das Gießen sind unkompliziert, und außerdem ist eine rechteckige Konstruktion einfacher zu bauen als ein Hochbeet mit geschwungenen oder runden Kanten.

Hohe Beetumrandung als Kompromiss

Beetumrandungen mit Brettern, die eine Höhe von 20–30 cm haben, stellen einen günstigen Kompromiss zwischen einem normalen Beet und einem Hochbeet dar. Die Substratschicht ist dick genug, um alle gängigen Gemüse wie Salate, Mangold, Kohlrabi und Erdbeeren anzubauen. So können Sie auch auf gepflasterten oder betonierten Flächen, z. B. in einem Innenhof oder auf der Terrasse, ohne großen Aufwand Gemüse und Kräuter anbauen.
Da in ein solches Kastenbeet viel mehr Erde hineinpasst als in viele einzelne Töpfe, haben die Pflanzen mehr Platz zum Gedeihen und brauchen nicht so viel Wasser wie Exemplare, die einzeln in kleinen Gefäßen, Kästen und Kübeln wachsen.

MATERIAL-VIELFALT

Da bleiben keine Wünsche offen

Holz, Flechtwerk, Naturstein, Blech, Metall, Kunststoff: Es gibt eigentlich nichts, aus dem man kein Hochbeet bauen kann. Das Material bestimmt nicht nur den Preis der Konstruktion, sondern auch ihre Lebensdauer und ihre Verwendungsmöglichkeiten.

HOLZ UND STEIN ODER ZIEGEL

sind die häufigsten Materialien, die beim Bau eines Hochbeets zum Einsatz kommen. Aber auch aus anderen Baustoffen lassen sich tolle Beete bauen. Denken Sie aber immer daran, dass ein Garten in seiner Gesamtheit wirken muss. Ein wilder Material-Mix wirkt unruhig und wenig ansprechend.

Hochbeete aus Holz

Hochbeete aus Holz sind einfach zu bauen, günstig und können in jeder Form konstruiert werden. Sie benötigen jedoch einen Schutz gegen Nässe.

* Weichhölzer wie Fichte, Tanne oder Kiefer kosten nicht viel. Diese Holzarten benötigen aber einen Schutzanstrich oder eine Imprägnierung, damit sie nicht von Pilzen befallen werden.
* Harthölzer wie Eiche, Lärche oder Robinie sind teurer, sehen aber besser aus und halten viele Jahre. Sie bekommen mit der Zeit eine schöne Patina und ähneln dann tropischen Holzarten wie Teak oder Bangkirai.

Für beide gilt: Eine Auskleidung der Innenseite mit einer dünnen Teichfolie verlängert die Lebensdauer des Holzes enorm, denn die feuchte Erde kann dann nicht in Kontakt mit dem Holz kommen. Wenn Sie die Außenseite des Hochbeets mit einer Holzlasur oder -farbe streichen möchten, ist es wichtig, auf umweltverträgliche, für Pflanzen ungiftige Farben zu achten. Denn mit der Zeit wird die Lasur durch Regen, Wind und Wetter aus dem Holz gewaschen und würde den umliegenden Gartenboden mit schädlichen Substanzen belasten.

Hochbeete aus Weidenflechtzäunen machen sich besonders gut in traditionellen Bauerngärten.

Mit senkrecht gestellten Wegplatten lassen sich schnell massive Hochbeete bauen.

Holz lässt sich einfach bearbeiten und in viele Formen verbauen. Und es gibt viele verschiedene Hölzer.

Hochbeete aus Metall wirken besonders stylisch und passen gut in moderne Gärten.

Flechtwerk und Weidenzäune

Beeteinfassungen aus Weidenflechtzäunen oder Heidekrautmatten sind günstig, schnell zusammengesteckt und ideal für den Nutzgarten. Ein Unkrautschutzvlies oder Bändchengewebe auf der Innenseite verhindert, dass die Erde beim Gießen oder bei Regen herausgespült wird. Beachten sollte man, dass diese Einfassungen meist schon nach einer Saison morsch werden – und dann ein Austausch oder Ersatz notwendig ist.

Stein, Ziegel, Platten und Beton

Ein gemauertes Hochbeet aus massivem Naturstein, Ziegeln oder Klinker sieht umwerfend aus. Wenn Sie dasselbe Material wie beim Verlegen der Terrasse oder der Gartenwege verwenden, entsteht ein geschlossenes, harmonisches Gartenbild.

* Naturstein sieht am schönsten aus, hat aber seinen Preis. Versuchen Sie immer, Material aus der Region zu bekommen, dann sind die Transportkosten niedriger. Machen Sie vor dem Kauf den »Nässetest«: Viele helle Steine bekommen nach einem Regenschauer eine dunkle Oberfläche und wirken dann völlig anders. Ein guter Fachhändler hält immer eine Gießkanne bereit.
* Ziegel aus gebranntem Ton wirken natürlich. Noch robuster gegenüber eindringendem Wasser sind Klinker, weil sie bei noch höherer Temperatur gebrannt wurden.
* Platten aus unterschiedlichen Steinarten oder einfache Wegplatten, die senkrecht aufgestellt und einige Zentimeter tief in den Boden gesetzt werden, eignen sich prima, um ein Hochbeet ganz schnell und ohne Aufwand zu errichten.
* Mit Beton ist praktisch jede Form möglich, die Wände müssen aber zur Stabilisierung mit einer Stahl-Armierung versehen werden.

Metall

Metall wirkt besonders stylisch und lässt sich vom Schlosser in jeder Form verarbeiten. Die Oberfläche kann feuerverzinkt, mit roher, rostiger Patina wie bei Rohstahl oder mit einem Schutzanstrich versehen sein. Damit die Wurzeln bei Sonneneinstrahlung nicht verbrennen, ist eine isolierende Styroporschicht (3–5 cm) zwischen Metall und Erde oder Substrat sinnvoll.

Kunststoff

Hochbeete aus (Recycling-)Kunststoff sind meist recht preiswert und einfach aufzubauen. Dunkelgraue Modelle sind farblich neutral und fügen sich deshalb besser in den Garten ein als braune, grüne oder terrakottafarbene.

PFLANZEN FÜR DAS HOCHBEET

Für jeden Geschmack ist etwas dabei

Nutzpflanzen wie Gemüse, Kräuter und Naschobst wie Beerensträucher und Erdbeeren fühlen sich im Hochbeet wohl. Aber auch Stauden, Gräser, Sommerblumen, Zwiebelblumen und kleine Sträucher gedeihen im 1. Gartenstockwerk.

GEMÜSE, OBST UND KRÄUTER sind Klassiker fürs Hochbeet und laufen hier zu Hochform auf. Nährstoffreiche Erde, weniger Unkrautkonkurrenz, kaum Schädlinge und viel Wärme machen Rekordernten möglich.

Gemüse und Kräuter

Die nährstoffreiche Erde im Hochbeet ist ideal für hungrige Gemüse wie Kohl, Sellerie, Tomaten und Zucchini. Aber auch weniger nährstoffbedürftige Gemüse wie Radieschen und Salat, Möhren, Spinat, Rote Bete und Mangold oder anspruchslose wie Zwiebeln, Erbsen und Buschbohnen gedeihen im Hochbeet. Beim Anbau sollten Sie eher den Wuchs als den Nährstoffanspruch beachten: Wenn man schon in Hüfthöhe gärtnert, machen Stangenbohnen und Stabtomaten wenig Sinn, denn man bräuchte spätestens ab Ende Juni eine Leiter zum Pflegen und Ernten. Da Sie die Erde, in der die Pflanzen im Hochbeet wachsen, selbst bestimmen, können Sie einfach das anbauen, worauf Sie gerade Lust haben. Denn im Hochbeet muss man die Fruchtfolge von Starkzehrern im ersten Jahr, Mittelzehrern im zweiten und Schwachzehrern in der dritten Saison weniger konsequent einhalten als im Gartenbeet. Auch lange Anbaupausen wie bei Kohl im Gemüsegarten zur Verminderung von Krankheiten sind nicht nötig. Wenn Sie zwei Jahre hintereinander Brokkoli ernten möchten, füllen Sie einfach frische Pflanzerde oder Kompost nach. Auch Küchenkräuter wie Petersilie, Schnittlauch, Liebstöckel, Kerbel und Dill gedeihen hervorragend und profitieren von den geschützten Wachstumsbedingungen.

Ysop, Thymian, Currykraut und Salbei brauchen ein Hochbeet mit nährstoffarmer Erde.

Sonderfall: Mehrjährige Kräuter

Einjähriges Basilikum ist für regelmäßige Wasser- und Nährstoffgaben dankbar und darf auf keinen Fall allzu sehr austrocknen. Seine mediterranen Verwandten, die den Winter überdauern, gedeihen erst richtig gut, wenn sie heiß und trocken stehen.

* Mehrjährige Kräuter wie Thymian, Ysop, Rosmarin, Oregano, Salbei und Currykraut wachsen in einem Kompost-Hochbeet zu stark, haben kaum Aroma und bilden viele weiche Triebe, die im Winter besonders frostempfindlich sind. Setzen Sie diese in ein eigenes kleines Hochbeet, in das Sie eine durchlässige Dachgartensubstrat-Mischung füllen. Sie ist nicht so nährstoffreich, erwärmt sich schnell und lässt überschüssiges Wasser rasch abfließen.

Da das Substrat im Hochbeet viele Nährstoffe enthält, können Salate enger gepflanzt werden.

* Auch ausdauernde, wuchernde Kräuter wie alle Minzen und die Zitronenmelisse setzt man besser in ein eigenes Hochbeet oder ein Kastenbeet (→ Seite 56). Hier können Sie sich ausbreiten, ohne ihre Nachbarn zu bedrängen.

Naschobst

Erdbeeren dürfen natürlich in keinem Naschgartenhochbeet fehlen, aber auch viele Beerensträucher fühlen sich hier wohl. Prinzipiell kann man jede Obstart in ein Hochbeet pflanzen, solange man kleinwüchsige Arten oder Sorten wählt. Für einen großen Baum oder starkwüchsige Brombeeren ist der ebenerdige Garten besser geeignet.

Beerensträucher

Rote und Weiße sowie die verwandte Schwarze Johannisbeere gedeihen in einem Hochbeet mit Kübelpflanzenerde oder Gartenerde-Pflanzerde-Gemisch hervorragend. Für Heidelbeeren, die keinen Kalk mögen und sauren, humosen Boden bevorzugen, sind mit Moorbeeterde gefüllte Hochbeete ideal. Damit die Sträucher nicht zu hoch werden, kann man sie im Frühjahr stutzen. Wählen Sie bei Stachelbeeren auf jeden Fall mehltauresistente und unbewehrte, stachellose Sorten, die leichter zu pflegen und abzuernten sind (→ Seite 129).

Erdbeer-Rekordernte im Hochbeet

Ein Hochbeet ist ideal für Erdbeeren, hier wachsen Sie einem förmlich in den Mund. Diese Früchtchen, die botanisch gesehen gar keine Beeren, sondern Sammelnüsse sind, entwickeln sich in der nährstoffreichen Erde eines Kompost-Hochbeets besonders gut. Pflanzen Sie sie an den Rand, damit die Früchte luftig über den Rand hängen können. Probleme mit Grauschimmel wie im flachen Beet kann man im Hochbeet dann vergessen. Wenn Sie kontinuierlich ernten möchten, pflanzen Sie ab Anfang Mai alle zwei Wochen sogenannte Frigo-Pflanzen, das sind vorgezogene Erdbeeren, denen im Kühlhaus der Winter vorgegaukelt wurde. Etwa neun Wochen nach der Pflanzung können Sie ernten.

Stauden und Gräser

Im Gegensatz zu Gemüse und den meisten Kräutern sind Stauden mehrjährig, d. h., sie überdauern den Winter mit dem Wurzelstock und treiben jedes Jahr im Frühling neu aus. Es gibt sogar immergrüne Arten, die das ganze Jahr ihr Laub zeigen. Stauden und Gräser kommen in der Natur in fast jedem Lebensraum vor, sodass es für jeden Standort im Garten die passenden Arten und Sorten gibt.
Da ein Hochbeet an der Terrasse oder im Garten z. B. als Raumteiler das ganze Jahr im Blickpunkt steht, sind Arten und Sorten, die über einen längeren Zeitraum attraktiv aussehen, besonders gut geeignet. Während Sommerblumen (→ rechts) vor allem durch ihre lange Blütezeit wirken, bieten Stauden und Gräser im Jahresverlauf immer ein anderes Bild. Dem Austrieb im Frühling folgt die Blüte, je nach Art von Frühling bis in den Spätherbst, viele Stauden haben zudem eine schöne Herbstfärbung und bieten im Herbst und Winter ungewöhnliche Samenstände. Kombinieren Sie die Pflanzen mit Zwiebelblumen wie Krokus, Tulpen und Narzissen, damit das Beet schon im Frühling Farbe zeigt, bevor die übrigen Pflanzen austreiben. Tipp: Wildtulpen wirken filigran und elegant, und ihre Zwiebeln müssen, im Gegensatz zu den Hochleistungssorten, nach dem Einziehen der Blätter im Sommer nicht aus dem Beet geholt werden.

Am Fuß der weiß gestrichenen Holzhochbeete wächst Lavendel, der das Farbthema der Wand aufnimmt.

Praxistipp

Verwenden Sie für Stauden, Gräser und Rosen im Hochbeet ein Dachgartensubstrat, ein Gemisch aus Gartenerde und Lavagrus oder eine Kübelpflanzenerde mit hohem mineralischen (Ton- und Sand-) Anteil. Kompost oder reine Beet- und Balkonblumenerde zersetzt sich zu schnell, und Sie müssten schon nach einem Jahr die Erde im Hochbeet auffüllen oder austauschen.

Sonnenstauden

Für ein Hochbeet an einer sonnigen, nach Süden, Südosten oder Südwesten ausgerichteten Terrasse gibt es unzählige Stauden. Im Prinzip eignen sich alle angebotenen Arten für das Hochbeet. Nährstoffhungrige Prachtstauden setzen Sie in ein Beet mit üppigem Substrat, eher asketische Gewächse bekommen magere Erde. Nur bei sehr groß oder hoch wachsenden Arten wird die Gestaltung etwas schwierig, da die unteren, im Lauf des Jahrs kahler werdenden Stängel nicht so leicht von anderen Pflanzen verdeckt werden können, wie das im Gartenbeet der Fall ist. Von Frühling bis in den Winter attraktiv sind Kombinationen sogenannter Kiesgartenpflanzen. Diese Arten vertragen Hitze und Wassermangel, und es macht ihnen nichts aus, wenn die Erde im Hochbeet einmal übers Wochenende oder den Urlaub etwas austrocknet. Kombinieren Sie Palmlilien *(Yucca)* mit Steppen-Salbei *(Salvia nemorosa)*, Schafgarbe (*Achillea-Filipendulina*-Hybride 'Feuerland'), dazu Gold-Wolfsmilch (*Euphorbia polychroma* 'Fireworks') und Stachelnüsschen *(Acaena)*. Arten wie Duftnessel *(Agastache)*, Ysop *(Hyssopus)*, Lavendel *(Lavandula)*, Pfingst-Nelke *(Dianthus gratianapolitanus)* warten zudem noch mit einem betörenden Duft auf.

Steppen-Salbei und Gold-Garbe kommen im Hochbeet dem Auge des Betrachters noch näher.

Schattenstauden

Hochbeete, die weniger als fünf bis sechs Stunden Sonne am Tag bekommen, bepflanzen Sie besser mit Stauden, die sich in schattigen oder halbschattigen Bereichen wohlfühlen. Die Auswahl ist enorm, und es gibt viele Arten, die das ganze Jahr attraktiv sind. Bergenien *(Bergenia)* sind immergrün und blühen rosa oder weiß, Elfenblumen *(Epimedium)* schmücken sich mit mehrfarbigem Laub und eleganten rosa, roten, gelben oder weißen Blüten und die Silberblatt-Taubnessel (*Lamium maculatum* 'Pink Pewter') überzieht mit ihren silbrigen Blättern und den rosa Blüten in kurzer Zeit die gesamte Beetoberfläche. Keine Wünsche lassen die beiden Gattungen der Funkien *(Hosta)* und der Purpurglöckchen *(Heuchera)* offen. Funkien gibt es in Miniaturform von weniger als 15 cm bis über 1 m Höhe. Die Blätter variieren von hell- bis dunkelgün, weiß, gelb oder grün-gestreift und panaschiert (gemustert), auch silbrige oder bläuliche Blattfarben kommen vor. Die glöckchenförmigen Blüten stehen an langen Rispen und sind weiß, rosa oder hellbläulich. Purpurglöckchen haben hellgrüne, gelbe, purpurne oder silbrige Blätter, dazu kommen alle erdenklichen Kombinationen und Musterungen. Die zarten Blütenrispen mit rosa Blüten erscheinen von Mai bis in den August.

Gräser

Gräser sorgen mit ihren filigranen Halmen und zarten Blütenständen für Abwechslung im Hochbeet. Viele Arten sind immergrün, sodass ein mit ihnen bepflanztes Beet auch im Winter attraktiv aussieht. Für sonnige Hochbeete eignen sich u. a. Reiher-Federgras *(Stipa barbata)*, Moskitogras *(Bouteloua gracilis)* und Magellan-Blaugras *(Elymus magellanicus)*. An schattigeren oder halbschattigen Standorten fühlen sich die vielen Seggen *(Carex)* und das Japan-Waldgras (*Hakonechloa makra)* mit seinen zahlreichen Sorten wohl.

Sommerblumen

Sommerblumen blühen, wie der Name schon sagt, den ganzen Sommer durch. Sie sind einjährig, d. h., sie keimen, wachsen, blühen und fruchten in einer Wachstumssaison und sterben dann ab. Besonders schön sind Schmuckkörbchen *(Cosmos)*, Kalifornischer Goldmohn *(Eschscholzia)*, Spinnenblume *(Cleome)*, Jungfer-im-Grünen *(Nigella)* oder Rauer Sonnenhut *(Rudbeckia hirta)*. Wer sich die Qual der Wahl ersparen möchte, greift auf fertige Saatgutmischungen wie beispielsweise 'Mössinger Sommer' zurück, die eine bunte Mischung gut zusammenpassender Arten enthalten und eine besonders lange Blütezeit gewährleisten.

Duftwolken und Farbfeuerwerk direkt beim Sitzplatz. Lilien in Kombination mit Stauden und Sommerblumen.

GESTALTEN MIT HOCHBEETEN

Vielseitigkeit ist Trumpf

Beim Stichwort Hochbeet denken viele zuerst an Pflanzkästen für Gemüse und Kräuter. Hochbeete sind aber auch geniale Elemente zur Gliederung eines Gartens, attraktive Blickfänge und damit eine ästhetische Bereicherung für jeden Garten.

Schlanke Leichtgewichte sind diese speziellen Hochbeete für den Balkon.

EINFACH GENIAL: Pflanzkasten, Raumteiler, Sitzplatz und Blickfang – Hochbeete sind raffinierte Gestaltungselemente für den Garten. Mit ihnen können Sie große Gärten in wohnliche Gartenzimmer unterteilen, Gemüse, Kräuter und Naschobst in Hausnähe auf der Terrasse genießen und praktisch jede Pflanze pflegen. Die Pflanzen bzw. die Bepflanzung steht natürlich immer im Mittelpunkt eines Hochbeets, aber die ungeheure Vielfalt an Gestaltungsmöglichkeiten mit unterschiedlichen Materialien, Formen, Größen, Höhen und Höhenstaffelungen sowie Farben machen Hochbeete zu einem wirklich genialen Element bei der Anlage oder Verschönerung Ihres Gartens, der Terrasse oder auch dem Balkon. Mit Hochbeeten können Sie langweilige, ebene Gartenflächen gliedern und ihnen Spannung verleihen, Sichtachsen schaffen und so den Blick auf besondere Gartenelemente oder Pflanzen lenken. Sie können mit niedrigen Hochbeeten Wege einfassen oder den ganzen Garten mit einer Umrandung versehen. Hochbeete sind außerdem ideal, um Haus und Garten, Küche, Terrasse und Garten optisch miteinander zu verbinden.

Auf dem Balkon

Die einfachste Variante eines Hochbeets sind größere, hohe Pflanzgefäße oder -kästen für den Balkon. Es gibt spezielle Modelle, die nicht so breit sind wie ein klassisches Hochbeet und deshalb auch auf einem kleinen, schmalen Balkon Platz finden. Vor dem Geländer oder an den Schmalseiten aufgestellt geben Sie dem Balkon einen Rahmen und bieten durch das größere Erdvolumen Platz für viel mehr Pflanzen als ein normaler Balkonkasten oder Topf. Das ist praktisch, denn mehr Erde kann mehr Wasser speichern, sodass Sie im Sommer auch einmal unbeschwert übers Wochenende wegfahren können, ohne gleich die Nachbarn zum Gießdienst bitten zu müssen.

Gewicht beachten

Auch in kleinere Hochbeete passt eine Menge Erde hinein. Zusammen mit den Pflanzen, dem Gießwasser und dem Hochbeet selbst kann die Konstruktion deshalb recht schwer werden. Die meisten Balkone sind aber statisch nicht so tragfähig konzipiert wie eine Zimmer- oder Terrassendecke. Ziehen Sie deshalb unbedingt einen Fachmann

Ein Küchengarten direkt vor der Küche. Durch die Nähe zum Haus können Sie beim Kochen schnell ein paar frische Kräuter ernten.

zu Rate, wenn Sie ein größeres Hochbeet auf dem Balkon aufstellen wollen. Mit ein paar Tricks können Sie aber auch auf einem normalen Balkon zum Hochbeetgärtner werden:

* Es gibt spezielle, besonders schmale Hochbeete, die zudem noch einen Pflanzkasteneinsatz haben, der nicht bis zum Boden reicht. Weniger Erde bedeutet weniger Gewicht (→ Seite 36).
* Verwenden Sie für Dauerbepflanzungen keine normale Beet- und Balkonblumenerde, sondern ein spezielles Dachgartensubstrat. Es speichert genauso gut Wasser und Nährstoffe, ist aber etwas leichter.

Auf der Terrasse

Mit einem Hochbeet an oder auf der Terrasse holen Sie sich den Garten ans Haus. Auch hier gilt: Hochbeete machen Ihre Terrasse zur Entspannungsoase, denn die Pflanzen im Hochbeet haben mehr Erde zum Wachsen zur Verfügung und müssen nicht so oft gegossen werden wie Topf- und Kübelpflanzen.

Formen, Farben, Materialien

Das Hochbeet sieht besonders attraktiv aus und fügt sich in die Gesamtgestaltung ein, wenn Sie es optisch passend zur Terrasse planen. Dabei muss das Hochbeet nicht einmal aus demselben Material sein wie der Terrassenbelag, obwohl natürlich ein aus Ziegeln gemauertes Beet ganz hervorragend zu einem Terrakottafliesenbelag passt. Eine gestalterische Verbindung entsteht auch, wenn Sie z. B. ähnliche Farben wählen wie ein helles Holz, dessen Farbton sich im Belag wiederfindet (→ Foto links). Vermeiden Sie die Kombination zu vieler unterschiedlicher Farben und Materialien, denn das erzeugt einen unruhigen Gesamteindruck. Und denken Sie beim Aufstellen des Hochbeets auf einer versiegelten Oberfläche auch an die Dränage (→ Seite 23).

Blickpunkte setzen

Kleine Hochbeete oder große Pflanzkübel setzen Blickpunkte im Garten, zum Beispiel am Ende eines Wegs, oder sie ziehen die Aufmerksamkeit des Auges in Bereiche des Gartens, die man leicht übersieht. Hübsch ist es, wenn ein solches Highlight auch vom Haus aus zu sehen ist, etwa aus dem Wohn- oder Esszimmer.

Eine triste Mauer wird durch ein davor platziertes Hochbeet aus demselben Steinmaterial mit wechselnder Bepflanzung zum Hingucker.

In einem kleinen Innenhofgarten bieten Hochbeete auf zwei Etagen Platz für Pflanzen und zum Sitzen auf den breiten Mauerrändern.

Hochbeete als Sitzbänke

Innenhöfe und Atriumgärten sind eine Herausforderung für jeden Gartengestalter. Sie sind von einer oder mehreren Seiten von hohen Mauern oder Fassaden begrenzt, und die Sonne scheint dort nur stundenweise und nur zu bestimmten Tageszeiten. Und da man vom Haus aus meist jeden Bereich gut einsehen kann, darf es auf keinen Fall »Schmuddelecken« geben. In einem Innenhof schlägt also die Stunde der multifunktionalen Gestaltungselemente. Die Pflanzen sollten das ganze Jahr über attraktiv aussehen, mit einer schönen Blüte im Frühling, gefälligem Laub, einer tollen Herbstfärbung und im Winter mit dekorativer Rinde oder hübschen Samenständen. Hochbeete als »unbelebte« Elemente können hier alle Vorteile ausspielen. Sie gliedern den Raum, bieten Platz für Pflanzen, zum Sitzen und sogar Stauraum. Wählen Sie hochwertige und dauerhafte Materialen, damit die Gestaltung das ganze Jahr über attraktiv wirkt.

Stauraum unterm Hochbeet

Hochbeete mit einer breiten Mauerkante können als Sitzplatz genutzt werden. Um keinen Platz und kein Baumaterial zu vergeuden, müssen die Stützmauern nicht massiv gebaut werden. Sie können mit Hohlräumen versehen als Stauraum dienen – zugänglich von oben durch Klappen, die gleichzeitig als Sitzbank dienen (→ Foto links) oder von vorn durch Türen. In diesen Regalen können Sie Sitzkissen aufbewahren, wenn keine Feuchtigkeit eindringen kann, oder all jene Gartenutensilien, die man auch in einem kleinen Garten braucht. So sind Gartenscheren, Handfeger, kleine Schaufeln, Blumenerde, Dünger und Handschuhe stets griffbereit und doch aus dem Blickfeld.

Das beste Material zum »Besitzen«

Hochbeete, die gleichzeitig als Sitzbank dienen, brauchen eine besondere Oberfläche. Sie soll nicht zu kalt sein und nach einem Regenschauer schnell abtrocknen oder leicht abzuwischen sein. Holz können Sie mit Lasur und Farbe imprägnieren, bei Hochbeeten aus Stein sollten Sie nur solche Steinarten wählen, deren Oberfläche nicht zu viel Wasser aufsaugt und deshalb schneller abtrocknet. Naturstein und Beton kann auch mit einer Imprägnierung versehen werden, um das Eindringen von Wasser zu verhindern.

Ein Gemüsegarten als Raumteiler, der den restlichen Garten vom Sitzplatz trennt.

Auch Patio-Pflanzen brauchen Wasser

Wenn Sie Ihren Innenhofgarten umgestalten und Hochbeete bauen, sollten Sie eine automatische Bewässerungsanlage mit einplanen. Mit in den Beeten verlegten Tropfschläuchen sparen Sie sich das lästige Schleppen der Gießkannen und müssen sich auch keine Gedanken machen, wo der Gartenschlauch untergebracht wird.

Hohe Stauden und Kräuter schirmen den Sitzplatz zum Garten ab und sorgen für Privatsphäre.

Sichtschutz

Mit einem Hochbeet können Sie auch mit Pflanzen Sichtschutz schaffen, die im normalen Beet zu niedrig sind. Ein Sitzplatz kann noch so elegant, schön oder exklusiv eingerichtet sein, wenn man nach hinten oder oben keine Begrenzung hat, die vor – wenn auch vielleicht imaginären – Blicken schützt, fühlt man sich nicht geborgen. Am Sitzplatz bieten sich zur Bepflanzung hoch wachsende Kräuter wie Lavendel, Rosmarin, Ysop, Salbei und Oregano (Dost) an. Sie duften nicht nur aromatisch – besonders in den Abendstunden –, sondern können auch zum Würzen in der Küche verwendet werden. Ebenfalls geeignet sind Stauden mit langer Blütezeit wie die Indianernessel *(Monarda)* oder hohe, aufrecht wachsende Gräser wie das Garten-Reitgras (*Calamagrostis × acutiflora* 'Karl Foerster') oder das Kleine Zebraschilf (*Miscanthus sinensis* 'Little Zebra') mit geringelten Blättern.

Eine Dränage verhindert Staunässe

Hochbeete die auf einem versiegelten Untergrund wie einer Betonplatte oder einem gepflasterten Innenhof stehen, sollten eine Dränage bekommen, damit im Sommer überschüssiges Gießwasser und vor allem im Winter Regen und Schmelzwasser abfließen können und sich keine Staunässe bildet. Die Dränage besteht aus einer lockeren Schicht aus grobem Kies oder Schotter, die vor dem Einfüllen des Pflanzsubstrats als unterste Schicht in das Beet kommt. Auf diese Schicht wird ein dickes Vlies gelegt, damit die Dränage nicht durch feine Erdpartikel verstopft wird, die beim Gießen oder bei Regen nach und nach aus dem Pflanzsubstrat ausgewaschen werden. Damit überschüssiges Wasser aus dem Beet abfließen kann, müssen seitlich an den Wänden im unteren Bereich oder im Fundament der Hochbeetmauern Abflusslöcher angebracht werden, durch die das Wasser nach außen ablaufen kann. Bei einer Terrasse mit Gefälle müssen diese so gewählt werden, dass das Wasser vom Hochbeet wegfließen kann und nicht vor dem Beet stehen bleibt. Bei Hochbeeten im Nutzgarten, die auf dem Erdboden stehen, sorgen grobe Äste und Zweige als unterste Schicht dafür, dass sich kein Wasser im Beet aufstaut.

Hochbeete in unterschiedlicher Höhenstaffelung mit integriertem Sitzplatz und Gartentisch. So kann der Feierabend kommen!

Gartenzimmer schaffen

Ein Garten, der von jedem Winkel mit einem Blick erfasst werden kann, wirkt schnell langweilig und öde – er bietet keine Überraschungen und weckt keine Neugier. Zur Gliederung eines großen oder kleinen Gartens eignen sich Hecken, Zäune, Mauern, Rankgerüste und hohe Pflanzungen – und Hochbeete. Sie sorgen nicht nur durch das Material der Wände, sondern auch durch die Bepflanzung für eine optische und räumliche Unterteilung.

Kleine Gärten strukturieren

In kleinen Gärten oder schmalen, handtuchförmigen Reihenhausgärten bieten sich Hochbeete geradezu dafür an, den vorhandenen Raum in zwei oder drei Bereiche zu gliedern. Gerade Linien, L- oder U-Formen sind in Gärten mit geringer Grundfläche am besten geeignet, da sie weniger Platz brauchen als ausschweifende, geschwungene Formen. Auch eine Höhenstaffelung mit Hochbeeten schafft Spannung, die Pflanzen stehen wie auf einer Bühne vor der Seitenwand des daneben oder dahinter platzierten Hochbeets. Besonders wärmeliebende Pflanzen und mediterrane Kräuter profitieren von der gespeicherten Sonnenwärme, die die Mauern über Nacht abgeben.

Neuinterpretation des klassischen, kreuzförmigen Bauerngartens mit quadratischen Kastenbeeten.

Große Gärten teilen

Einen großen Garten können Sie in mehrere Bereiche oder Gartenzimmer mit unterschiedlichen Themen einteilen. Jeder dieser Gartenräume kann ein eigenes Gestaltungs- oder Pflanzenthema haben. Das kann beispielsweise das Farbklima sein – ein rotes Zimmer, ein blaues, ein gelbes oder ein weißes – oder ein besonderer Lebensraum – ein sonnig-trockener mediterraner Garten mit Kiesgartenpflanzen, ein kühler Schattengarten unter einer mit Kletterpflanzen berankten Pergola oder ein japanischer Garten. So können Sie sich Ihre eigene Welt im Garten schaffen. Geschwungene, ovale oder runde Hochbeetbegrenzungen gliedern den Garten und sorgen, wenn sie alle aus demselben Material und in derselben Farbe gebaut werden, für ein verbindendes Element, das der Gestaltung einen Rahmen gibt, der den Garten als Einheit zusammenhält. Variieren Sie auch die Höhe der Mauern der Beete, das sorgt für zusätzliche Dynamik und Abwechslung.

Hochbeet am Hang

Gärten am Hang oder mit schrägen Oberflächen gelten als schwer zu gestalten und stellen viele Gartenbesitzer vor das Problem: Wie kann ich meinen Garten überhaupt nutzen? Im oberen Bereich ist es trocken, weiter unten am Hang feucht und kühl und für einen Liegestuhl, geschweige denn einen ganzen Sitzplatz kein Raum. Hochbeete sind ideal, um Hänge abzufangen, Treppen oder Böschungen zu begleiten und so ebene Bereiche für Beete und den Sitzplatz zu schaffen, aber auch, um unterschiedlich hoch gelegene Bereiche miteinander zu verbinden. Liegt z. B. die Terrasse am Haus höher als der Garten, können Sie mit einem üppig bepflanzten Hochbeet statt einer Stützmauer die beiden Bereiche miteinander verbinden, ohne dass harten Kanten und Höhen entstehen.

Steile Hänge sichern

Ist der Hang sehr steil oder der Boden sehr locker, sollten Sie vor dem Bau einen Fachmann zu Rate ziehen, denn die Mauern des Hochbeets müssen gegebenenfalls mit Armierungseisen stabilisiert oder im Hang verankert werden, damit das Beet den Hang stützen kann. Bei schweren, feuchten Böden mit schlechtem Wasserabzug ist außerdem eine Dränage unter dem Fundament sinnvoll.

Praxistipp

Auch bei kleinen Hanggärten summieren sich die zu bewegenden Erdmassen schnell zu einer beachtlichen Kubikmeterzahl. Lassen Sie diese am besten von einem renommierten Garten- und Landschaftsbauer aus der Umgebung ausführen. Er kann die notwendigen Arbeiten mit Spezialmaschinen ausführen und gewährleistet gleichzeitig, dass es nicht durch Hangrutsche oder Erdbewegungen zu Schäden an benachbarten Häusern kommt. Außerdem können Sie sichergehen, dass die Terrasse stabil ist und der Hang nicht nachrutscht.

Wasser im Hochbeet

Ein Hochbeet kann auch als »Hochteich« oder »Hochbecken« gebaut werden. So könnten Sie in ein modernes, geradliniges Hochbeet aus Beton oder Mauerwerk ein Wasserbecken mit plätscherndem Überlauf oder einem Wasserspiel integrieren. Solche Hochbeete benötigen auf jeden Fall eine Armierung auf der Innenseite, damit die Seitenwände dem Wasserdruck standhalten können. Die Abdichtung geschieht mit auf den Beton geklebter Teichfolie oder einem speziellen Schutzanstrich aus wasserfester Farbe.

Naturstein-Hochbeete aus Trockenmauerwerk als Eingrenzung eines Senkgartens.

Es müssen nicht immer Pflanzen sein. Ein Hochbeet kann auch ein Wasserbecken beherbergen.

Mit schmalen Leisten lässt sich das Hochbeet in Raster einteilen, in die jeweils unterschiedliche Gemüse und Kräuter gesät bzw. gepflanzt werden.

Gartenküchen

Kochen im Grünen ist in, und der Trend aus südlichen Gefilden, im Sommer das Leben aus dem Haus in den Garten zu verlagern, hält ungebrochen an. Was liegt also näher, nicht nur die Küche mit einem Outdoor-Kochplatz, Grill, Kühlschrank und einer Spüle nach draußen auf die Terrasse oder in eine Loggia zu verlegen, sondern auch Kräuter- und Gewürzregal und die Gemüsetheke vom Wochenmarkt? Dabei spielt es keine Rolle, ob Sie eine ganze Outdoor-Küche planen oder nur einen Grill auf der Terrasse aufstellen: Ein oder mehrere Hochbeete am Terrassenrand mit aromatischen Kräutern sind genau der richtige Rahmen für den neuen Ess- und Kochplatz im Garten.

Küchenbeete

Wenn Sie das Glück haben, eine Outdoor-Küche von Grund auf planen zu können, sollten Sie gleich eine ganze Reihe Kräuter- und Gemüse-Hochbeete mit in das Konzept integrieren. So könnten Sie hinter der Arbeitsfläche ein Hochbeet mit Kräutern planen, damit die Würzpflanzen stets griffbereit zur Hand wachsen. An einer Pergola hinter oder an der Küche können Tomaten und Stangenbohnen reifen, und niedrige Beete an den Seiten sorgen für (fast) ununterbrochenen Salatnachschub. Gibt es einen Wasseranschluss für die Küche, kann dieser gleich an ein Bewässerungssystem angeschlossen werden, das in die Beete führt. Die Wege und Oberflächen zwischen den Beeten und der Küche sollten gepflastert oder mit einem festen Boden, einem Holzdeck oder Platten ausgelegt sein. So können Sie auch einmal mit einem Servierwagen zum Ernten fahren und tragen keine Gartenerde in Ihre Freiluftküche.

Wenn Sie viel Platz haben, können Sie die Küche oder den Grillplatz mit den Sitzplätzen um ein großes, zentrales Hochbeet mit Gemüse und Kräutern anlegen, statt das Beet hinter den Arbeitsflächen der Küche oder an deren Seiten zu platzieren.

Und ganz raffiniert ist ein kleines rundes Kräuterbeet, das in einen runden Tisch integriert ist – so hat man immer frisches Grün zum Würzen parat.

Themenbeete für die Gartenküche

Probieren Sie doch einmal aus, verschiedene Beete für Ihre Lieblingsgerichte anzupflanzen.

- Für Salatliebhaber beginnt die Saison im Frühjahr mit Schnitt- und Pflücksalaten, gefolgt von buttrig zartem Kopfsalat. Im Sommer gibt es knackigen Romanasalat und im Herbst jede Menge Endivien, Radicchio und Feldsalat. Dazu kommen die ganze Saison Salatkräuter wie Rucola, Sauerampfer und Kresse. Säen oder pflanzen Sie alle zwei bis drei Wochen nach, damit Sie kontinuierlich ernten können.
- Küchenkräuter wie Petersilie, Schnittlauch, Kerbel, Schnittsellerie, Koriander, Dill, Liebstöckel und Frühlingszwiebeln fühlen sich in nährstoffreicher Pflanzerde wohl. Setzen Sie immer mehrere Pflanzen ins Beet, damit es fortlaufend genug zu ernten gibt.

Praxistipp

Aus den USA ist in den letzten Jahren ein neuer Trend nach Europa gekommen: Das Square Foot Gardening. Dabei werden quadratische Kastenbeete mit einer Seitenlänge von 1–1,2 m mit dünnen Leisten oder Schnüren in gleich große Quadrate eingeteilt. In jedes dieser Rasterquadrate kommen andere Gemüse oder Kräuter für eine maximale Vielfalt. Ist ein Quadrat abgeerntet, wird sofort wieder eine andere Gemüse- oder Kräuterart eingesät oder gepflanzt.

* Für eine italienische Kräutermischung oder Kräuter der Provence sind Oregano, Thymian, Rosmarin, Estragon, Kerbel, Bohnenkraut und Basilikum unverzichtbar.
* Cocktail-Liebhaber bauen eigene Mojito-Minze, Zitronenmelisse und Zitronenverbene an, dazu fruchtigen Zitronen-Thymian und aromatisch-frisches Zitronen-Basilikum.

Kräuter in Paletten

Ein Hochbeet aus ausrangierten Euro- oder Transportpaletten lässt sich nicht nur von oben bepflanzen. Auch die Seitenwände bieten ideale Voraussetzungen für Experimente beim Gärtnern in der Vertikalen. In den Zwischenraum der Holzplanken, der ursprünglich den Gabelstaplerzinken vorbehalten war, können Sie jede Menge Kräuter, Salate, Erdbeeren oder Blumen pflanzen. Damit die Erde nicht herausfällt, wird von innen ein spezielles Vlies angebracht. Wie das geht, ist auf Seite 47 genau beschrieben.

Wie bei einer klassischen Kräuterspirale kommen jene Arten, die es lieber etwas feuchter und kühler mögen, in die unteren Bereiche – Minzen, Waldmeister, Schnittsellerie, Kerbel, Schnittlauch, Petersilie, Koriander und Sauerampfer. In der mittleren Etage gedeihen Erdbeeren, Melisse, Oregano, Majoran, Salbei, Basilikum und Ysop. In der oberen, trockenen Schicht fühlen sich verschiedene Thymiane, Lavendel, Rosmarin, Currykraut und Berg-Bohnenkraut wohl.

Abstand halten

Wer auch die Seiten bepflanzen möchte, sollte die Palettenbeete mindestens mit einem Abstand von 1 m, besser sogar mit 2 m Abstand aufstellen. So erhalten die Kräuter in der unteren Etage genug Licht und werden nicht zu sehr von den oberen oder gegenüberliegenden beschattet. Außerdem können Sie zwischen den Beeten immer noch bequem durchgehen.

Bedenken Sie auch, dass Sie durch den Kräuterbewuchs an der Seite beim Pflegen und Ernten etwas mehr Abstand zu den Pflanzen in der Mitte des Beets halten müssen. Daher sollte das Hochbeet, wenn es von mehreren Seiten bepflanzt werden soll, nicht breiter als 1 m sein, damit alle Bereiche in Armlänge bequem erreichbar sind.

Für die Nordseite des Beets gibt es nur wenige geeignete Arten. Probieren Sie Walderdbeeren, Estragon und Pfefferminze – sie kommen mit weniger Licht zurecht. Auch Waldmeister, Brunnenkresse und Sauerklee sowie die Knoblauchsrauke sind einen Versuch wert.

Vertikales Gärtnern in einem Paletten-Hochbeet aus recycelten Europaletten.

PLANEN UND bauen

HOCHBEETE KÖNNEN MIT ein wenig handwerklichem Geschick einfach und in kurzer Zeit selbst gebaut werden. Damit Sie bei der Planung und beim Bau keine bösen Überraschungen erleben, haben wir alle Hochbeete und Kästen, die wir hier vorstellen, ausprobiert und selbst aufgebaut. Die Schritt-für-Schritt-Anleitungen zeigen, wie es geht. Dazu gibt es alle Infos, wo Sie das Baumaterial herbekommen, wann der beste Zeitpunkt zum Bauen ist und was sich am besten zum Füllen eignet.

WORAUF MUSS ICH ACHTEN?

Selber bauen, Fertigbausatz oder Profi?

Für Gemüse und Kräuter bieten sich Hochbeete aus Holz an, die für wenig Geld rasch zusammengesteckt werden. Hochbeete aus Stein sind aufwendiger, aber auch dauerhafter. Die Füllung hängt von den Ansprüchen der Pflanzen ab, die Sie kultivieren möchten

WER DIE WAHL HAT, hat die Qual. Ein Blick in die Kataloge von Hochbeetherstellern zeigt eine Vielzahl an Formen, Größen, Materialien – stabile Hochbeete aus dauerhaftem Hartholz in Luxusausführung gibt es genauso wie günstige Bausätze aus Latten, die ineinandergesteckt werden. Doch bevor Sie sich für ein bestimmtes Hochbeet-Modell entscheiden, ist es sinnvoll, sich einige Gedanken zu machen, z. B. wo der beste Platz für das Hochbeet ist. Wenn Sie Gemüse und Kräuter anbauen möchten, sollte der Standort so sonnig wie möglich sein. Ein Wasser- oder Schlauchanschluss in der Nähe ist praktisch, denn dann müssen Sie zum Gießen nicht so weit laufen. Auch sollte das Hochbeet einfach zugänglich sein, damit man auch bei einem Regenschauer schnell ein paar Kräuter oder frischen Salat ernten kann. Der Untergrund des Hochbeets muss durchlässig sein, damit Regen- und Gießwasser abfließen kann. Wenn das Hochbeet auf einer versiegelten Fläche steht, muss eine Dränage eingebaut werden.

Baumaterial

Holz bietet sich wegen seiner Flexibilität, der leichten Verarbeitung und dem – je nach Holzart mehr oder weniger – günstigen Preis als Konstruktionsmaterial als Erstes an. Mit Holz ist praktisch jede Form und Größe möglich, Sie können auf fertige Bausätze zurückgreifen oder sich mit etwas handwerklichem Geschick daranwagen, ein Beet selbst zu entwerfen und zu bauen.
Hochbeete aus Holz lassen sich auch leichter wieder ab- oder umbauen, wenn man den Garten ändern möchte. Auch wenn man nur einen gemieteten oder gepachteten Garten hat und vielleicht eines Tages umziehen muss, sind Holzbeete eine zweckmäßige Lösung.
Hochbeete aus Ziegelmauerwerk, Naturstein oder Beton sind aufwendiger und teurer. Überlassen Sie den Bau besser einem erfahrenen Maurer oder Landschaftsgärtner, das erspart Ihnen viel Ärger beim Bau, denn Sie müssen ein stabiles, frostsicheres Fundament ausheben, und bei Betonkonstruktionen ist ab einer Mauer- bzw. Seitenwandhöhe von etwa 50 cm eine Armierung aus Baustahlgitter notwendig, damit das Beet stabil bleibt. Auch die Konstruktion von Hochbeeten aus Metall, das geschweißt werden muss, gehört in die Hand von Handwerkern.

Sinnvolle Ergänzungen

Damit Sie Ihr Hochbeet noch flexibler nutzen und noch mehr Pflanzen anbauen können, gibt es eine Reihe praktischer Erweiterungen und Zusatzaufbauten wie Rank- und Stützgerüste für Erbsen sowie Tunnel- oder Frühbeetkästen, die Ihr Hochbeet in ein Mini-Gewächshaus verwandeln. So können Sie noch früher mit dem Anbau von frischem Gemüse und Kräutern beginnen.

Ob im großen Hochbeet oder einer kleinen tranportablen Holzkiste: Eine reiche Ernte ist garantiert.

SONNE ODER SCHATTEN?
Der richtige Standort

Damit sich Ihre Pflanzen im Hochbeet wohlfühlen und gedeihen, ist der richtige Standort wichtig. Dabei kommt es nicht nur darauf an, wie viel Sonne das Beet am Tag bekommt, auch die Ausrichtung des Beets und das Mikroklima in Ihrem Garten spielen eine Rolle.

Gemüse brauchen einen Platz in der vollen Sonne. Nur dann wachsen die Pflanzen üppig, sind wenig anfällig und bilden ihr typisches Aroma aus.

ALLE PFLANZEN GEDEIHEN nur dann optimal, wenn man ihnen die richtigen Bedingungen bietet. Das bedeutet, dass Sie ihre Ansprüche an Licht, Luft, Boden, Wasser und Dünger erfüllen sollten, wenn Sie reichlich ernten, üppige Blüten und gesundes Wachstum möchten.

Sonnenanbeter

Gemüse und Kräuter lieben einen sonnigen oder sogar vollsonnigen Standort. Sonnig bedeutet, dass die Pflanzen mehr als sechs Stunden pro Tag der direkten Sonne ausgesetzt sind. Erhalten sie weniger als fünf bis sechs Stunden Sonne am Tag, spricht man von einem halbschattigen Standort.

Bekommen Gemüse und Kräuter zu wenig Licht, werden ihre Triebe lang und weich, sie sind anfälliger für Krankheiten und Schädlinge, und vor allem Kräuter und Fruchtgemüse schmecken bei Weitem nicht so aromatisch wie Vertreter, die in der prallen Sonne ihr volles Aroma entwickeln konnten. Hecken, Mauern, Bäume und Gebäude – alle werfen Schatten und beeinträchtigen den Ertrag. Bedenken Sie dies bei der Platzwahl für das Hochbeet.
Volle Sonne für bestes Aroma brauchen folgende Kräuter und Gemüse:

* Alle mediterranen Kräuter wie Thymian, Lavendel, Rosmarin, Ysop, Currykraut, Basilikum, Salbei und Oregano.

- Küchen- und Teekräuter wie Majoran, Liebstöckel, Fenchel und Koriander;
- alle Kohlarten, Erbsen, Möhren, Zwiebeln und Knoblauch;
- Fruchtgemüse wie Tomaten, Paprika, Chili (Peperoni), Auberginen, Zucchini und Kürbis.

An der Ost- oder Westseite eines Hauses, die nur vormittags oder nachmittags Sonne bekommt, müssen Sie jedoch nicht auf leckeres selbst geerntetes Gemüse verzichten. Folgende Arten gedeihen auch noch im Halbschatten gut – sofern sie mindestens fünf Stunden Sonne am Tag bekommen.

- Blattgemüse wie Spinat, Kopfsalat, Sauerampfer, Mangold, Rote Bete und Radieschen;
- Kräuter wie Petersilie, Schnittlauch und Dill.

Die optimale Beetausrichtung

Richten Sie Ihr Hochbeet in Nord-Süd-Richtung aus. So werden die Pflanzen im Lauf des Tages gleichmäßig besonnt und beschatten sich nicht gegenseitig. Auch im Frühjahr oder Herbst, wenn die Sonne noch nicht bzw. nicht mehr so hoch steht, trifft noch genug Licht aufs Beet.
Bei Hochbeeten, die in Ost-West-Richtung aufgestellt werden, erhält die nach Süden ausgerichtete Seite viel mehr Sonne, die Wände erwärmen sich dort schneller, und das Beet trocknet ungleichmäßig aus. Die Pflanzen auf der Nordseite bekommen weniger Licht und wachsen eher kümmerlich.

Für Schattenliebhaber

Nicht alle Pflanzen fühlen sich in der prallen Sonne wohl. Farne, Funkien, viele Stauden und Gräser bevorzugen einen schattigeren, kühlen und feuchten Standort – ideal also für Hochbeete in lauschigen Innenhofgärten in der Stadt, die durch die umgebenden hohen Gebäude nur wenige Stunden Sonne am Tag bekommen.

Das Mikroklima

Nicht nur das Sonnenlicht, auch Wärme und Kälte beeinflussen das Wachstum von Pflanzen. Liegt Ihr Garten am Hang, treffen je nach Ausrichtung mehr oder weniger Sonnenstrahlen auf den Boden. Nach Süden weisende Hänge erhalten mehr Sonne, sind wärmer, aber auch trockener. Nordhänge dagegen sind kühl und feucht. Da kühle Luft nach unten sinkt, sammelt sie sich am Grund von Tälern oder am Fuß eines Hangs. In solchen »Kältesenken« fühlen sich nur wenige Pflanzen wohl. Umgekehrt sorgt eine Mauer, die nachts die Wärme abstrahlt, für ein den Pflanzen angenehmes Mikroklima.

Krankheiten und Schädlingen vorbeugen

Frische Luft beugt dem Befall mit Krankheiten wie Mehltau oder Schädlingen wie Spinnmilben vor. Platzieren Sie Ihr Hochbeet deshalb so, dass es nicht in einer Ecke des Gartens steht, in der sich die Luft staut. Dort bleiben die Blätter nach einem Regenschauer oder nächtlichem Taufall lange feucht, und Pilzkrankheiten haben leichtes Spiel. Schon ein schwacher Luftzug sorgt für rascheres Abtrocknen. Auch viele Gemüseschädlinge wie der Kohlweißling, dessen Raupen an den Blättern aller Kohlgewächse fressen, oder Gemüsefliegen, die Möhren und Zwiebeln befallen, treten an windstillen Standorten häufiger auf, denn sie legen ihre Eier bevorzugt an windgeschützten Plätzen ab.

Kleine Gehölze wie Fächer-Ahorn (links), Birke (Mitte) und Spindelstrauch (rechts) entwickeln sich am besten in halbschattigen Hochbeeten in einem Innenhof.

FRÜHLING ODER HERBST?
Der beste Zeitpunkt zum Bauen

Hochbeete können Sie eigentlich das ganze Jahr über im Garten aufbauen, von der kalten Winterzeit einmal abgesehen. Die beste Zeit ist jedoch das Frühjahr oder der Herbst, also zu Beginn der neuen Wachstumssaison oder zum Ende als Vorbereitung für das neue Jahr.

WENN AB MÄRZ die Tage länger werden, beginnt das Kribbeln in den Fingern von uns Gärtnern. Was liegt näher, als die neue Gartensaison mit dem Bau eines Hochbeets zu beginnen?

Hochbeetbau im Frühling

Ab Ende Februar, Anfang März, wenn es keinen Frost mehr gibt, beginnt die neue Gartensaison. Liegt noch Schnee und ist der Boden noch gefroren, warten Sie einfach noch einige Tage oder Wochen ab. Wenn die Beete im Gemüsegarten abgeräumt sind, der letzte Grün- und Rosenkohl geerntet und auch Lauch und Pastinaken den Weg in die Küche gefunden haben, wird der Boden für die neue Saison vorbereitet. Wenn Sie planen, jetzt ein Hochbeet im Garten zu errichten, sparen Sie sich das mühsame Umgraben, denn es reicht, wenn die Erde auf der Stelle, auf der das Hochbeet aufgestellt werden soll, eingeebnet wird. Doch die Anlage zu dieser Jahreszeit hat noch weitere Vorteile:

- Im Frühling gibt es viel halbverrotteten Kompost aus Hecken- und Strauchschnitt, Erntereste und sonstige Gartenabfälle des Vorjahrs zum Befüllen des Hochbeets.
- Das Schnittgut von Obstbäumen, die im Spätwinter (Februar/März) geschnitten wurden, kann direkt ins Hochbeet als Dränageschicht (→ Seite 60) gefüllt werden und muss nicht separat gelagert oder kompostiert werden.
- Wenn das Hochbeet fertig befüllt ist, können Sie sofort mit der Aussaat oder der Pflanzung beginnen.

Im Frühjahr sorgt die Wärme des verrottenden Materials für einen Wachstumsvorsprung.

Früher ernten dank heißer Rotte

Füllen Sie auf die untere Schicht aus grobem Ast- und Zweigwerk eine 20–30 cm dicke Lage Rohkompost, also halbverrotteten Kompost mit groben Pflanzenteilen. Darauf kommt nun eine Lage dicht gepacktes Laub oder der erste Rasenschnitt, darauf wieder etwas Kompost und dann als Abschluss 15–20 cm Pflanzerde oder ein Gemisch aus feinem, reifen Kompost und Gartenerde. Die Wärme, die beim Verrotten von Laub und von Gras entsteht (→ Kasten rechts), wirkt für die keimenden Samen oder frisch eingesetzten Jungpflanzen wie eine Fußbodenheizung.

Vlies gegen kalte Nächte

Da es bis Mitte Mai nachts noch recht kalt werden kann, vor allem wenn der Himmel klar ist und keine Wolkendecke für milde Temperaturen sorgt, sollten Sie die Pflanzen im Hochbeet mit einem Gärtnervlies schützen. Für empfindliche Jungpflanzen sollte es drei- oder sogar vierlagig gefaltet werden, für größere Gemüse – oder wenn es nicht mehr so kalt ist – reichen auch ein oder zwei Lagen.

Auch der Herbst ist ideal

Wenn Sie im Frühjahr keine Möglichkeit hatten, können Sie genauso gut im Herbst Ihr Hochbeet bauen oder aufstellen. Sie können damit beginnen, sobald die letzten Beete abgeräumt sind. Ziehen Sie nur die Bodenoberfläche glatt, damit das Beet eben stehen kann.

Wenn die Astern blühen und sich das Laub verfärbt, ist ein guter Zeitpunkt zur Anlage eines Hochbeets.

Kompost in Hülle und Fülle

Auch im Herbst herrscht kein Mangel an Pflanzenresten und organischem Material – Hecken-, Baum- und Strauchschnitt, Erntereste aus dem Gemüsegarten, abgeblühte Sommerblumen, trockene Staudenstängel, die nicht über den Winter auf dem Beet bleiben sollen – alles kann als unterste Schicht direkt ins Hochbeet statt auf den Kompost.

Füllen Sie den Kompost so ein wie auf Seite 60/61 beschrieben. Damit wertvolle Nährstoffe nach langen Regenperioden oder durch Schmelzwasser nicht ausgewaschen werden, sollten Sie den Kompost im Hochbeet mit einer Folie oder einem dichten Unkrautvlies abdecken.

Von heißer und kalter Rotte

Häufig liest man, dass Pflanzen im Hochbeet von der Wärme profitieren, die beim Verrotten des organischen Materials entsteht. Dies ist nur bedingt richtig. Nicht jedes Hochbeet mit Kompost-Füllung erwärmt sich, denn je nach Material und Jahreszeit verrottet das Material entweder »heiß« oder »kalt«. Man spricht von einer Heißrotte, wenn sich das pflanzliche Material beim Zersetzen auf 50–70 °C erhitzt. Dies geschieht, wenn sich viel feuchtes Material im Hochbeet oder im Kompost befindet und die organische Substanz von Bakterien zersetzt wird. Dieser Vorgang ist vor allem bei »grünem« Rottematerial wie frischem Rasenschnitt, grünen Pflanzenresten oder Blättern zu beobachten. Auch frischer Mist erhitzt sich beim Zersetzen. Enthält der Kompost mehr »braunes«, also grobes Material wie mehr oder weniger trockene Äste, Zweige, Heckenschnitt, Holzhäcksel oder trockenes Herbstlaub, wird die organische Substanz von Pilzen und allerlei Getier zersetzt und erhitzt sich nicht. Durch die Art der Füllung können Sie also den Rotteprozess steuern. Wenn das Hochbeet im Frühjahr aufgesetzt wird, hilft die Heißrotte den Pflanzen auf die Sprünge. Im Herbst reicht die kalte Rotte aus, weil die Pflanzen ja erst im Frühjahr wieder wachsen.

BAUSATZ ODER EIGENBAU?
Werkzeug und Materialbeschaffung

Für den Bau von Hochbeeten in Eigenregie eignet sich vor allem Holz, weil es sehr leicht zu verarbeiten ist. Je nach Geschick können Sie Ihr Hochbeet neu aus Brettern bauen oder alte Kisten oder Holzpaletten nutzen. Ganz einfach geht es mit einem Fertigbausatz.

Bausätze für solch kleine Hochbeete sind wegen ihres geringeren Gewichts ideal für den Balkon.

FERTIGBAUSÄTZE SIND eine ideale Möglichkeit, schnell und unkompliziert den Garten mit einem Hochbeet zu ergänzen (→ Seite 52–55). Für einfache Bausätze aus Latten, die mit einem Nut- und Feder-System aufeinandergesteckt werden, brauchen Sie nicht einmal Werkzeug. Neben größeren Hochbeeten für den Garten gibt es für den Balkon verschiedene kleinere Modelle aus leichtem Kunststoff (→ Seite 20/21). Auch größere Pflanzkästen »auf Stelzen«, die nicht am Geländer aufgehängt werden, sind eine praktische Alternative. So können Sie auch auf Ihrem Balkon, der normalerweise nicht dafür ausgelegt ist, das Gewicht eines Hochbeets zu tragen, eigenes Gemüse und Naschobst ernten.

Terrassen-Hochbeete

Gerade ein Hochbeet, das direkt an der Terrasse steht oder im Blickfeld des Hauses liegt, sollte sich in die Gesamtgestaltung des Gartens einfügen. Hochwertige Hochbeete aus Lärchen- oder Robinienholz gibt es als Fertigbausatz bei spezialisierten Händlern oder Herstellern (→ Seite 138). Sie sind zwar deutlich teurer als Hochbeete aus einfachem Bauholz, Paletten oder Leimholzplatten, halten dafür aber viele Jahre lang und sehen zudem richtig gut aus.

Selber bauen

Bevor es ans Bauen oder Aufstellen Ihres neuen Hochbeets geht, heißt es: Material und Werkzeug checken. Nichts ist ärgerlicher, als samstags am späten Nachmittag im Garten zu stehen und festzustellen, dass das eine oder andere Werkzeug, Bauteil oder die passenden Schrauben fehlen, und der Baumarkt gerade schon geschlossen hat. Damit Ihnen das nicht passiert, finden Sie alles, was man zum Bauen eines Hochbeets braucht, hier zusammengestellt.

Werkzeug-Grundausstattung

Zum Selbstbauen brauchen Sie nicht viele Werkzeuge und Baumaterialien. Die meisten werden Sie ohnehin im Haushalt haben.

* Arbeitshandschuhe sind unbedingt zu empfehlen, wenn Sie mit ungehobelten oder rohen Holzbrettern und Holzplanken arbeiten. Sie schützen vor Spreißeln. Auch beim Zuschneiden von Drahtgittern oder Maschendraht sind sie unverzichtbar.

* Schraubendreher und/oder Akkuschrauber.
* Holzschrauben: Besonders gut eignen sich Spax-Schrauben mit einem selbstschneidenden Gewinde. Sie lassen sich leicht in das Holz einschrauben. Achten Sie beim Kauf auf die richtige Form des Kopfes – Kreuzschlitz, gerade oder Torx –, damit Sie die Schrauben mit Ihrem Schraubendreher verarbeiten können.
* Metallwinkel eignen sich zum Verbinden zweier Holzbauteile.
* Tacker und Klammern benötigen Sie, wenn Sie die Innenseite des Hochbeets mit Vlies oder Folie auskleiden möchten.
* Eine Drahtzange zum Zuschneiden des Drahtgitters, das als Schutz vor Mäusen am Hochbeetboden angebracht wird.
* Außerdem sind Draht, ein Hammer und eine Säge sinnvoll.
* Zum Ausheben oder Einebnen des Untergrunds benötigen Sie einen Spaten, eine Schaufel und einen Rechen.

Holz ist perfekt für den Bau von Hochbeeten und Beeteinfassungen in jeder Größe.

* Ein Verbandskasten mit Pflastern, Mullbinden und Desinfektionsmittel. Denn es kann immer einmal passieren, dass man beim Arbeiten abrutscht und sich verletzt.

Hochbeet-Baumaterialien auf einen Blick

MATERIAL	EIGENSCHAFTEN
Holz	leicht zu verarbeiten | viele Formen möglich | Weichholz (Fichte, Tanne, Kiefer) braucht einen Schutzanstrich | günstig
Euro-Paletten	stabil | leicht aufzubauen | Seitenwände bepflanzbar | billig
Holzkisten	mit Rollen mobil und flexibel | auf Wasserabzug achten | günstig
Ziegel	attraktiv | jede Form möglich | fügen sich harmonisch in den Garten ein | Fundament notwendig | günstig
Naturstein	sehr attraktiv | viele Formen | passend zum Terrassenbelag und zum Haus auswählen | nicht billig, lokales Material ist günstiger
Beton	variable Formen möglich | Stahlarmierung und Fundament nötig | Oberfläche naturbelassen, verputzt oder gestrichen | nicht billig
Metall	viele Formen möglich | modern und stylisch | nur vom Fachmann (Schlosser) anzufertigen | Innenseite mit Styropor isolieren | teuer

Baumaterial

Egal ob Bretter, Palisaden oder Stein: Die erste Anlaufstelle ist ein gut sortierter Baumarkt oder ein Gartencenter. Hier finden Sie in der Regel alle Materialien, die Sie zum Bauen eines Hochbeets brauchen.

Leimholzplatten

Diese fertig zugesägten, glatt gehobelten etwa 2,5 cm starken Platten aus Fichten- oder Tannenholz gibt es in unterschiedlichen Standardmaßen von 20, 30 und 40 cm Breite und 60, 80, 100 und 120 cm Länge. Damit eignen sie sich ausgezeichnet für Hochbeete in diversen Größen. Außerdem lassen sie sich mit wenigen Handgriffen zu einem Hochbeetkasten zusammenbauen (→ Seite 42–45).

Bauholz und Bretter

Im Baumarkt oder beim Holzhändler können Sie Bretter und Kanthölzer in verschiedenen Größen, Stärken und Längen und aus Ihrem Wunschholz zuschneiden lassen.

Mit eine Europalette und zwei, drei oder vier Aufsätzen können Sie beliebig hohe Hochbeete bauen.

Praxistipp

Wenn Sie neue Europaletten für ein Hochbeet im Internet bestellen, lohnt es sich, vorher bei Freunden und Nachbarn zu fragen, ob diese auch Interesse an einem Palettenhochbeet haben, denn die Fracht- bzw. Transportkosten sind meist höher als der Preis für ein paar wenige Paletten. Das gilt auch für Transportkistenrahmen, die zusammengelegt zwar flach, aber gut 2 m lang sind und nicht per Post, sondern per Spedition verschickt werden.

Stangen, Rundholz, Palisaden

Wenn es rustikaler sein darf, können Sie auch aus rohen Fichtenrundhölzern oder -stangen ein Hochbeet bauen. Allerdings ist dazu einiges handwerkliches Geschick nötig. Denn die Rundhölzer bzw. Stangen werden nach Blockhausmanier aufeinandergesetzt. Damit die Konstruktion stabil ist, müssen die Rundhölzer an den Ecken, an denen sie aufeinanderliegen, ausgekehlt werden.
Einfacher geht es mit fertigen Palisadenwänden, die es als Beeteinfassung zu kaufen gibt. Hochkant oder quer aufgestellt und etwa 25 cm tief im Boden eingegraben, eignen sie sich prima als Seitenwände für Hochbeete.
Ob Rundhölzer oder Palisaden: Fragen Sie vor dem Kauf, ob das Holz kesseldruckimprägniert wurde. Meist erkennen Sie dies an der leicht grünlichen Farbe. Die dabei verwendeten Chemikalien verhindern, dass sich Insekten und Pilze am Holz zu schaffen machen. Sie werden mit der Zeit ausgewaschen und können ins umgebende Erdreich gelangen. Solche Hölzer sind daher nur für Hochbeete mit Zierpflanzen geeignet, nicht für Gemüse- oder Kräuterbeete. Auf die früher häufig angebotenen Eisenbahnschwellen sollten Sie unbedingt verzichten. Sie sind so stark mit teerhaltigen Substanzen durchtränkt, dass sie auf den Sondermüll und nicht in den Garten gehören.

Paletten und Transportkisten

Schnell aufgebaut, günstig und relativ lange haltbar sind Hochbeete aus Europaletten (→ Seite 46/47)

Vier Paletten, Spanngurte und große, stabile Tüten: fertig ist das Hochbeet für urbane Gärtner.

oder aus einer Europalette plus Rahmenaufsätzen, die aus einer Palette eine Transportkiste machen (→ Seite 50/51). Fragen Sie vor Ort bei einem Möbelhändler, Handwerksbetrieb oder bei Firmen im Industriegebiet: Oft sind diese froh, wenn Sie gebrauchte Paletten loswerden können.

Naturstein und Ziegel

Naturstein ist teuer, sieht aber sehr elegant aus. Stammt er dazu noch aus der Region, fügt er sich optisch gut in den Garten ein. Natursteine lassen sich mit etwas Geschick zu einer Trockenmauer aufschichten – das geht umso einfacher, je regelmäßiger die Steine sind. Ein Fundament ist nicht nötig, es reicht, wenn der Boden eben ist. Die Lücken und Fugen zwischen den Steinen können bepflanzt werden und bieten vielen Tieren einen Unterschlupf. Bei einem gemauerten Hochbeet aus Tonziegeln oder Klinker können Sie viel Geld sparen, wenn Sie Ziegel zweiter Wahl kaufen. Diese haben oft kleine Brennfehler oder angeschlagene Kanten, die beim Mauern des Hochbeets einfach nach innen verlegt werden und so nicht mehr ins Auge fallen. Auch regelmäßig bearbeitete Natursteine oder Steine aus Beton eignen sich für ein gemauertes Hochbeet – Hauptsache, das Material passt zur Umgebung. Aus Gründen der Stabilität sollte ein Hochbeet mit Mauern, die höher als 80 cm sind, ein stabilies Fundament und gegebenenfalls sogar eine Betonverschalung mit Armierungseisen auf der Innenseite bekommen, damit die Mauern nicht nach außen gedrückt werden.

Schutz gegen Fäulnis

Damit das Holz des Hochbeets nicht schon nach zwei Wintern verrottet und morsch wird, sollte es vor Feuchtigkeit geschützt werden. Dies kann durch einen konstruktiven Holzschutz geschehen und/oder mit einem Schutzanstrich.

Konstruktiver Holzschutz

Mit einer Teichfolie, die von innen an den Rahmen getackert oder genagelt wird, verhindern Sie, dass die feuchte Erde in direkten Kontakt mit dem Holz kommt. Steine, die unter die Eckpfosten gelegt werden, sorgen zusätzlich dafür, dass Wasser gut ablaufen kann und das Holz schneller abtrocknet und länger hält.

Lasuren und Schutzanstrich

Die Außenseiten eines Hochbeets können Sie mit einer umweltfreundlichen Lasur oder Holzschutzfarbe streichen, um es vor Fäulnis und Pilzbefall zu schützen. Solche Produkte gibt sowohl farblos als auch in vielen Farbtönen. Giftige Farben haben im Nutzgarten selbstverständlich nichts verloren.

Loser Bauschutt oder alte Ziegel in Gabionen gefüllt: das Recycling-Hochbeet ist der Hingucker im Garten.

MOBILE PFLANZKÄSTEN

Weinkisten und Gemüsekörbe

Ihr Garten ist zu klein, und auch Balkon, Terrasse oder Innenhof sind nicht groß genug? Kein Problem: Bewegliche Pflanzkästen auf Rollen sind eine perfekte Lösung für alle, die keinen Platz für ein großes Hochbeet haben.

Der Luftspalt zwischen Boden und Kasten sorgt dafür, dass das Holz länger hält.

WENN DER Platz für ein normal großes Hochbeet nicht ausreicht oder das Aufstellen auf dem Balkon wegen des Gewichts nicht möglich ist, bedeutet das noch lange nicht, dass man auf die vielen Vorteile des Hochbeetgärtnerns verzichten muss. Anstelle eines großen, schweren Hochbeets können Sie Tomaten, Paprika, Salat, Erbsen, Bohnen, Erdbeeren und Kräuter auch in kleineren Pflanzkästen anbauen.

Alternative für Töpfe

Pflanzkästen sind in mehrfacher Hinsicht besser für die Kultur von Pflanzen geeignet als normale Blumentöpfe. Nebeneinanderplatziert nutzen sie den Platz viel besser aus als runde Töpfe, zwischen denen immer Lücken bleiben. Auch haben Töpfe meist ein recht geringes Volumen, die Erde trocknet schnell aus, und das Wachstum wird gehemmt. Rechteckige oder quadratische Pflanzkästen haben, auf die Oberfläche bezogen, ein größeres Volumen, was für die Pflanze mehr Feuchtigkeit, mehr Nährstoffe und mehr Platz für die Wurzeln bedeutet. Dies alles zeigt sich in einem üppigeren Wachstum.

Praktisch beim Gießen

Das größere Volumen bedeutet, dass Sie nicht so häufig gießen müssen wie bei der Kultur in einzelnen Töpfen. Außerdem geht das Gießen viel schneller von der Hand, denn Sie müssen nicht jeden Topf einzeln mit Wasser versorgen, sondern können, wenn die Kästen dicht an dicht stehen, einfach mit der Gießkanne oder dem Schlauch mit Brauseaufsatz über die Pflanzen wässern.

Für Innenhöfe und Terrassen

Mobile Pflanzkästen haben noch einen weiteren Vorteil: Sie können je nach Bedarf umziehen oder umgestellt werden. »Leere« Kästen, in die gerade frisch ausgesät wurde, sehen noch nicht besonders attraktiv aus und können, bis sich die ersten grünen Pflänzchen zeigen, an einer Stelle aufgestellt werden, wo sie nicht sofort ins Auge fallen. Das gilt auch für gerade abgeerntete Schnittsalat-Beete, die in den ersten Tagen nach dem Abschneiden der

Blätter einen ziemlich traurigen Eindruck machen. Auch Jungpflanzen, die im Frühjahr gerade von der Fensterbank ins Freie umgezogen sind, können vor einer kalten Nacht schnell in den Hausflur oder unter ein Vordach gestellt werden.

Material

Für Pflanzkästen eignen sich dieselben Materialien wie für normale Hochbeete auch: Holz, Metall oder Kunststoff. Wenn Sie an der Unterseite Rollen anbringen – einfache Möbelrollen oder Topfroller für Kübelpflanzen sind am besten –, können Sie die Kästen ohne Mühe hin und her schieben. Eine Alternative sind Gemüse- und Obstkisten aus Holz oder Kunststoff, die, wenn die Seiten durchlässig sind, mit einer Tüte oder einer Folie ausgeschlagen werden. Auch Weinkisten halten länger, wenn man sie innen mit einer Folie auslegt.

Wasserabzug

Bei allen Pflanzkästen ist ein guter Wasserabzug wichtig. Bohren Sie in Kisten, die einen geschlossenen Boden haben, alle 10 cm ein etwa 1 cm großes Loch in die Unterseite. Darauf kommt eine dünne Schicht Blähton oder grober Kies, darüber ein Vlies, damit die Erde nicht durchgespült wird. Darüber füllen Sie ganz normale Pflanzerde für Beet- und Balkonkästen oder Kräuter- oder Tomatenerde ein – je nachdem, was Sie anbauen möchten. Tipp: Füllen Sie in all Ihre Kästen möglichst die gleiche Erde. Je nach Zusammensetzung trocknen die Pflanzsubstrate schneller oder langsamer aus. Es ist beim Gießen einfacher, wenn man nicht bei jedem Kasten vor der Wassergabe kontrollieren muss, ob Gießen nötig ist, sondern einfach alle Kästen in einem Schwung bewässern kann. Dasselbe gilt auch für eventuelle Düngergaben.

Ausrangierte Weinkisten mit Rollen als mobile Mini-Hochbeete

Das Holz, aus dem die Weinkisten gezimmert werden, ist meist nur 8–10 mm dick. Damit die Schrauben der Rollen nicht durchbrechen, wird die Leiste innen auf den Boden geklemmt. →

↑ *Sägen Sie als Erstes eine Holzleiste (ca. 1,5–2 cm dick) auf die innere Breite der Holzkiste zurecht.*

← *Mit einem Akkuschrauber oder Schraubendreher befestigen Sie nun vier Möbelroller an den Ecken. Pro Rolle reichen zwei Schrauben völlig aus.*

LEIMHOLZBRETTER-HOCHBEET

Günstig und schnell aufgebaut

LEIMHOLZBRETTER AUS dem Baumarkt sind eigentlich zum Bau von Regalen oder als Bastelholz gedacht. Es gibt sie in verschiedenen Standardlängen und -breiten (80, 100, 120 cm lang, 20, 30, 40 cm breit). Mit diesen großen Brettern können Sie in einer guten halben Stunde ein einfaches Hochbeet aufbauen. Je nachdem, welche Brettermaße Sie wählen, können Sie die Größe des Beets an Ihren Garten anpassen und auch die Form variieren: Sie können das Beet verlängern oder ein »L« im rechten Winkel anbauen.

Das brauchen Sie:

- → 4 Kanthölzer (90 × 4 × 4 cm)
- → 4 Leimholzbretter (120 × 40 × 2,5 cm)
- → 4 Leimholzbretter (80 × 40 × 2,5 cm)
- → Drahtgitter (140 × 100 cm, Maschenweite max. 12 mm)
- → Teichfolie (ca. 4,2 × 0,8 m)
- → mind. 32 Spax-Schrauben (40 mm)
- → Tacker und Klammern, Metermaß
- → Akkuschrauber/Schraubendreher
- → Handschuhe

Bevor es losgeht, werden Material und Werkzeug zurechtgelegt. So spart man sich lästiges Hin- und Herlaufen, wenn man etwas vergessen hat.

1

2

Platzieren Sie die Kanthölzer auf einer ebenen Unterlage, und schrauben Sie das erste Leimholzbrett bündig mit der Oberkante auf das Kantholz. Mit dem Akkuschrauber geht das am schnellsten.

Nachdem die erste Seite mit zwei Leimholzbrettern zusammengeschraubt ist, wird ein Brett als erstes Seitenteil dagegengestellt und festgeschraubt. Spax-Schrauben haben den Vorteil, dass sie selbstschneidende Gewinde haben – Sie brauchen also keine Löcher vorbohren.

Nun schrauben Sie das zweite Brett fest, dann auf der gegenüberliegenden Seite das erste Brett. Das letzte Brett wird noch nicht angeschraubt, …

… denn man kann an seiner Kante das Drahtgitter, das Mäuse abhalten soll, ohne Mühe im rechten Winkel abknicken. Die Standardbreite der Drahtrolle beträgt 100 cm. Stellen Sie das letzte Brett so auf das Drahtgitter, dass es etwa 10 cm übersteht, und biegen Sie die Gitterenden an der Brettkante entlang nach oben. Die Länge des Drahtgitter entspricht der Hochbeetlänge plus jeweils 5–10 cm an den beiden Enden.

6

← *Nachdem das letzte Brett angeschraubt ist, wird der Maschendraht mit dem Tacker an der untersten Brettkante (die noch nach oben zeigt) auf der Innenseite festgetackert. Das Drahtgitter verhindert, dass sich Mäuse oder Ratten im Hochbeet einisten.*

Bevor das Hochbeet im Garten aufgestellt wird, heben Sie noch einen kleinen Graben und vier Löcher für die Eckpfosten aus. Ein »Auskoffern«, also das Ausheben einer kleinen Grube wie oft empfohlen, ist nicht nötig. Der Graben muss nur etwa 10–15 cm tief sein. →

7

8

← *Drehen Sie das fertige Hochbeet um, und stellen Sie es auf seinen Platz. Eventuell müssen Sie es an der einen oder anderen Stelle noch etwas festdrücken oder den Graben nacharbeiten, bis das Beet gerade steht und nicht kippelt. Wenn Sie das Beet an den Ecken auf vier Steine stellen, wird das Holz nicht so schnell feucht und hält länger.*

9

← Damit Erde oder Kompost, die ins Hochbeet gefüllt werden, keinen direkten Kontakt zum Holz haben, was die Fäulnis fördert, kleiden Sie die Innenseite des Beets mit Teichfolie aus und tackern sie fest. Die dünnste Folie (ca. 0,5 mm) reicht, sie ist auch am günstigsten.

10

Zum Schluss schieben Sie das umliegende Erdreich mit den Füßen von außen an den Rand des Hochbeets und treten es fest, damit das Beet stabil steht. →

Farbe im Beet

Wirkt das helle Holz auf Sie zu grell, streichen Sie es mit einer ungiftigen, umweltfreundlichen Lasur oder Holzfarbe. Am besten machen Sie das vor dem Bau, dann können Sie die Bretter einfach waagrecht auf zwei Holzböcke legen und bequem streichen. Wenn Sie beide Seiten mit Holzlasur oder Holzschutzfarbe versehen, können Sie auf die schützende Folie verzichten. Statt Leimholzbrettern können Sie auch kesseldruckimprägniertes Bauholz verwenden. Dieses ist gegen Holz zersetzende Pilze behandelt und braucht keinen zusätzlichen Schutzanstrich. Weil die im Holz enthaltenen Chemikalien aber mit der Zeit freigesetzt werden, eignet es sich nur für Zierpflanzen-Hochbeete.

EUROPALETTEN-HOCHBEET

Einfach aufgebaut, stabil und haltbar

VIER EURO- ODER TRANSPORTPALETTEN lassen sich in einer halben Stunde zu einem stabilen Hochbeet zusammenbauen, das jahrelang hält. Der Clou: In die Lage zwischen Innen- und Außenseite der Paletten können Sie Erdbeeren und Kräuter pflanzen, sodass Sie nicht nur die Beetfläche auf der Oberseite, sondern auch die vertikalen Seitenwände nutzen können. So können Sie nicht nur auf einer Grundfläche von etwa 1,5 m^2 sondern zusätzlich noch auf knapp 4 m^2 Seitenwänden Gemüse und Kräuter anbauen.

Das brauchen Sie:

- 4 Europaletten (120 × 80 cm × 15 cm)
- Drahtgitter (150 × 100 cm, Maschenweite max. 12 mm)
- Metermaß
- Drahtzange, Tacker und Klammern
- 12 Metallwinkel
- je 12 Spax-Schrauben (40 und 12 mm)
- Akkuschrauber
- Handschuhe
- Teichfolie und Unkrautschutzvlies (je ca. 4,2 × 0,8 m)

Rollen Sie das Drahtgitter auf dem Platz aus, wo das Hochbeet aufgebaut werden soll. Messen Sie ca. 150 cm ab (einmal Palettenlänge plus zweimal Palettenhöhe), und schneiden Sie den Draht durch.

1

2

Nachdem die ersten beiden Paletten gegeneinandergestellt wurden, verbindet man sie mit Metallwinkeln. In die dicken Endstücke kommen die langen Schrauben, in die dünnen Bretter die kürzeren.

Schrauben Sie nach und nach in jeder Ecke oben, in der Mitte und unten die Winkel fest. Dazu steigen Sie in das Beet und schrauben erst alle unteren Winkel von innen an, dann die mittleren. Zum Schluss bringen Sie die oberen Winkel an.

Damit die Seiten bepflanzt werden können, zieht man ein Unkrautschutzvlies in den Zwischenraum der Paletten ein und tackert das Vlies an die äußere Palettenwand. Durch Schlitze, die man später von außen in das Vlies schneidet, setzt man die Pflanzen ein.

Zum Schluss tackern Sie auf der Innenseite des Hochbeets Teichfolie an die Palettenwand. In den Zwischenraum können Sie nun Pflanz- oder Blumenerde füllen. Das Hochbeet selbst wird klassisch mit einer Mischung aus grobem und feinem organischem Material befüllt (→ Seite 60/61)

RANKGERÜSTE

Stützen für Himmelsstürmer

Einige Gemüsearten wie Erbsen, Bohnen und Kürbisse, aber auch Gurken, Auberginen, Tomaten und Paprika sind auch im Hochbeet für eine Stütze dankbar, damit sie unter der Last ihrer Früchte nicht umknicken.

Nach der Ernte kompostiert man Erbsen oder Buschbohnen mitsamt dem stützenden Reisig.

VIELE GEMÜSEARTEN haben lange Triebe, die unter der Last ihrer Früchte leicht umknicken wie etwa Tomaten, Paprika oder Auberginen. Andere wie Erbsen klettern mit Blattranken an Rankgerüsten oder Stäben empor. Kürbisse, Gurken und Kletterzucchini können mit ihren langen Ranken zwar auch auf dem Boden liegen, die Früchte sind aber weniger anfällig für Fäulnis, wenn die Pflanzen an einer Kletterhilfe in die Höhe ranken können und es somit zu keinem direkten Kontakt von Früchten, Trieben und Blättern mit dem Boden kommt.

Kletterhilfen

Je nach Gemüseart empfehlen sich unterschiedliche Stütz- und Kletterkonstruktionen:

* Bambus- oder Holzstäbe reichen für Tomaten, Auberginen und Paprika aus. Für das Hochbeet eignen sich ohnehin nur niedrig wachsende Sorten, für normale Stabtomaten, die durchaus 2 m hoch werden können, bräuchte man sonst eine Leiter zum Pflegen und Ernten. Auch Spiralstäbe, Ringhalterungen und Staudenstützen leisten gute Dienste, damit Paprika und Auberginen einen sicheren Stand bekommen.
* Gitter wie tunnelförmig gebogene Baustahlmatten oder Holzspaliere sind ausreichend stabil, um schwere Früchte wie Kürbisse und Gurken, aber auch Kletterzucchini zu tragen.
* Rankgerüste aus Bambusstäben oder geraden Haselnuss- oder Weidenruten sind ideal für Buschbohnen. Die Bohnen stützen sich zwar auch gegenseitig, wenn sie dicht an dicht im Beet stehen, knicken aber bei einem kräftigen Regenschauer oder Windstoß nicht so leicht um. Mit Gartenschnur oder Raffia-Bast können Sie die Zweige zu Dreiecken, Trapezen oder Tipis zusammenbinden. Achten Sie darauf, dass die Ruten trocken sind. Grüne oder noch nicht völlig abgestorbene Ruten bilden, wenn sie in feuchte Erde gesteckt werden, schnell Wurzeln, und Sie bekommen in kürzester Zeit ein kleines Weiden- statt eines Gemüsebeets.

Mächtige Gemüse wie Kürbis und Kletterzucchini brauchen ein stabiles Rankgerüst, das das Gewicht der Pflanzen und der Früchte trägt.

- Reisigzweige, die nach der Aussaat zwischen die Erbsenreihen gesteckt werden, sind das einfachste und beste Rankgerüst für diese Hülsenfrüchte. Die Erbsen können sich mit ihren Blattranken kreuz und quer durch die dürren Zweige ranken. Praktisch: Wenn die Pflanzen abgeerntet sind und nicht mehr tragen, können Sie sie mitsamt den Reisigzweigen vom Beet entfernen und das Ganze direkt auf den Kompost geben.
- Erbsennetze aus Kunststoff, gespannt zwischen zwei Pfosten oder Stäben, die ins Hochbeet gesteckt werden, sind zwar eine praktische Rankhilfe, die abgeernteten Erbsentriebe lassen sich aber nur mühsam aus den dünnen Kunststoffmaschen entfernen. Reisigzweige (s. o.) sind leichter zu entsorgen bzw. können mit den Erbsen kompostiert werden.

Sicherer Halt ist wichtig

Rankgerüste und Kletterhilfen sollten so angebracht werden, dass sie den Pflanzen stabilen Halt geben, aber die notwendigen Pflegearbeiten wie Gießen und die Ernte nicht behindern. Stäbe, Spaliere und Stangen, die nicht richtig befestigt oder verankert sind, bieten den Pflanzen keinen ausreichenden Halt und sind nutzlos. Stäbe und Halteringe müssen tief in das Substrat gesteckt werden. Klettergerüste für Erbsen und Bohnen aus Weiden- oder Haselnussruten stabilisieren sich gegenseitig, wenn man sie zelt- oder dachförmig gegeneinanderstellt. Große Kletterspaliere aus Holz schraubt man am besten vor dem Befüllen des Hochbeets von innen an eine Seitenwand. Bedenken Sie den Schattenwurf auf benachbarte oder hinter dem Hochbeet liegende Pflanzen und Beete.

Blumennetze

Sommerblumen können mit Kunststoff- oder Drahtnetzen, die horizontal zwischen vier Eckpfosten gespannt werden, gestützt werden. Dieses Netz wird direkt nach der Aussaat oder Pflanzung etwa 20–30 cm über dem Beet angebracht. Die Pflanzen wachsen dann einfach hindurch und werden von den Längs- und Quermaschen gestützt. Im Spätherbst zieht man die abgestorbene Triebe einfach durch die Maschen und kompostiert sie.

Einfache Stangengerüste reichen für Zuckerschoten vollkommen aus.

TRANSPORTKISTEN-HOCHBEET

Shabby-Chic für urbane Gärtner

MIT TRANSPORTKISTEN-AUFSÄTZEN für Europaletten lässt sich in nur einer Viertelstunde ein Hochbeet aufstellen. Diese Aufsätze bestehen aus vier Brettern, die an den Ecken mit Metallscharnieren verbunden sind und ganz einfach übereinandergesteckt werden. Sie sind standardmäßig 20 cm hoch, sodass Sie Ihr Hochbeet beliebig hoch aufstocken können. Statt auf eine Europalette können Sie die Seitenteile natürlich auch direkt auf den Boden oder in ein Beet im Garten stellen.

← Stellen Sie die Palette direkt an den Platz, an dem das Hochbeet stehen soll. Die Palette kann auch auf einer ebenen Fläche wie einem Innenhof oder einer Einfahrt aufgestellt werden. Durch das Unkrautvlies, das auf den Boden kommt, wird keine Pflanzerde ausgespült.

Das brauchen Sie:

- 1 Europalette
- 2, 3 oder 4 Transportkisten-Aufsätze
- Unkrautschutzvlies

↑ Den ersten Transportkisten-Aufsatz auseinanderfalten und mit den Laschen nach unten auf die Palette setzen, sodass er einrastet. Er muss nicht zusätzlich mit Schrauben oder Metallwinkeln befestigt werden.

Damit die Erde oder das Pflanzsubstrat, das ins Hochbeet gefüllt wird, nicht durch die Spalten im Palettenboden fällt, kommt einfach eine Lage Unkrautvlies (am besten zwei- oder dreilagig) auf den Boden. Es muss nicht weiter befestigt werden.

Zum Schluss werden so viele Transportkisten-Aufsätze übereinandergestapelt, bis die gewünschte Höhe (20, 40, 60 oder 80 cm) erreicht ist. Die Aufsätze rasten ineinander ein und müssen nicht zusammengeschraubt werden.

Hoch hinaus und doch stabil

Die Transportkisten-Aufsätze von Europaletten haben an den Ecken praktische Metallscharniere mit Laschen auf der Seite, die nach unten kommen. Diese rasten beim Übereinanderstapeln unten auf der Europalette bzw. der darunter liegender Eckverbindung automatisch ein. Da die Hochbeet-Füllung mit der Zeit durch ihr Gewicht oder bei Frost die Seitenwände nach außen wölben kann, macht es Sinn, die Bretter innen zu verstärken. Wenn Sie mehr als drei oder vier Aufsätze übereinanderstapeln, schrauben Sie einfach eine flache Leiste (ca. 2 × 4,5 cm Querschnitt) von innen diagonal auf die Bretter. So bleiben die Kanten der Bretter fest aufeinander und wölben sich nicht nach außen.

FERTIGBAUSATZ-HOCHBEET

Für ganz bequeme Gärtner

FERTIGBAUSÄTZE FÜR Hochbeete gibt es in allen Größen, Formen, Farben – und für jeden Geldbeutel. Die einfachen Modelle wie dieses hier können Sie fast ohne Werkzeug aufbauen. Der Preis ist auch abhängig vom Material: Weichhölzer wie Fichte sind preiswert. Gegen Feuchtigkeit und Pilze widerstandsfähige Holzarten wie Douglasie, Lärche und Robinie sind teurer, aber ihren Preis wert, denn sie halten mehrere Jahre und bekommen mit der Zeit eine schöne silbergraue Patina, ähnlich wie Teakholz.

Das brauchen Sie:

- Hochbeet-Bausatz
- Unkrautschutzvlies
- evtl. Drahtgitter (Maschenweite max. 12 mm)
- Schraubendreher oder Akkuschrauber

Zuerst wird der Untergrund vorbereitet, Unkraut entfernt und der Boden glatt geharkt. Auch Steine und Wurzelreste kann man dabei entfernen.

1

2

Um die Umrisse des Hochbeets zu markieren, wird einfach die unterste Lage der Nut- und Federbretter provisorisch aufgebaut.

3

Ziehen Sie mit der Schaufel eine Furche entlang der Umrisse des Hochbeets in den Boden.

4

Tragen Sie die oberste Erdschicht etwa 5–10 cm tief ab. So schaffen Sie eine ebene Standfläche für das Hochbeet.

5

Damit von unten keine Wurzeln benachbarter Pflanzen oder Unkräuter in das Hochbeet hineinwachsen, wird der Boden mit einem auf das Maß des Hochbeets zugeschnittenen Unkrautschutzvlies abgedeckt. Haben Sie Mäuse oder Wühlmäuse im Garten, ist unter dem Vlies auch eine Lage Drahtgitter empfehlenswert.

Nun bauen Sie Lage für Lage das Hochbeet auf.

Sie müssen nicht alle Bretter verbauen. Wenn Sie nur ein Kastenbeet und kein Hochbeet möchten, lassen Sie einfach ein oder zwei Lagen weg.

Die Abschlussleisten erkennen Sie an der fehlenden Nut und der glatten Oberkante. Sie werden als Letztes aufgesetzt – nun ist das Hochbeet fast fertig.

9 ← *Damit die Abschlussleisten des Hochbeets nicht abgehoben werden können oder locker aufliegen, werden sie mit einer langen Schraube an den Ecken des Hochbeets befestigt.*

In Bretter aus Fichten-, Kiefer- oder Tannenholz bekommen Sie die Schrauben direkt hineingeschraubt. Bretter aus Lärchen-, Douglasien- oder Robinienholz sind so hart, dass man die Locher mit einem Holzbohrer oder einer Bohrmaschine vorbohren muss → 10

Es muss nicht Hochbeet draufstehen

Schauen Sie sich einmal im Baumarkt oder im Gartencenter nach Bausätzen für Lattenkomposter um. Sie haben ideale Maße und können einfach in ein Hochbeet umfunktioniert werden. Da bei einem Komposter die Latten so zusammengesetzt werden, dass ein Abstand zur Belüftung des Kompostguts bleibt, können Sie die Innenseite der Kompoststeige einfach mit einer Folie oder einem Unkrautvlies ausschlagen, das verhindert, dass die Erde im Hochbeet an den Seiten herausrieselt. Wie beim Hochbeet aus Europaletten können die »Spalten« mit Erdbeeren, Kräutern oder Salat bepflanzt werden. Schneiden Sie mit einem Messer kleine Schlitze in die Folie, in die Sie die Jungpflanzen setzen.

EINFASSUNGEN
Hochbeet light oder Kastenbeet

Niedrige Beeteinfassungen schaffen eine schöne Trennung von Beet und Weg oder Rasenfläche. Sie bringen je nach Farbe und Material einen zusätzlichen Gestaltungsaspekt in den Garten und fungieren ganz nebenbei als Hochbeet im Miniaturformat.

Die Einfassung aus blaugrauen Gusssteinplatten trennt Rasenfläche und Staudenbeet.

BEETEINFASSUNGEN LASSEN sich aus vielen Materialien bauen. Eine einfache Variante sind Holzbretter, dicke Rundhölzer oder Stangen, die um ein Beet gelegt bzw. gestellt werden. Auch Steckelemente aus Weidengeflecht sorgen für einen schönen Abschluss der Beete zur Umgebung. Stabiler sind Einfassungen aus Steinplatten, hochgestellten Ziegeln oder Klinkern oder Metallstreifen.

Schön und praktisch

Beeteinfassungen sind schön und praktisch zugleich. Sie sorgen dafür, dass keine Erde aus den Beeten auf die daneben liegenden Wege oder Rasenflächen gelangt, z. B. nach einem heftigen Regenschauer. Umgekehrt verhindert die mechanische Sperre, dass der Wegbelag aus Kieseln, Sand oder Rindenmulch ins Beet wandert. Grenzt das Beet an eine Rasenfläche an, so verhindert die Einfassung, dass der Rasen ins Beet wächst. Die Einfassung sorgt für Sauberkeit und lässt den Garten aufgeräumt und ordentlich wirken.
In das Beet kann zusätzliche Pflanzerde, Kompost oder ein spezielles Substrat eingebracht werden, sodass die Umrandung aus dem Beet ein kleines Hochbeet oder Kastenbeet macht.

Farbakzente setzen

Holzbretter und Einfassungen können Sie in jeder beliebigen Farbe mit umweltfreundlichen Holzlasuren oder wetterfester Holzfarbe streichen. So können Sie das Holz schützen und zugleich farbliche Verbindungen zu anderen Gestaltungselementen im Garten schaffen wie einem Gartenschuppen, Treppengeländern oder Holzdecks. Sie können die Farbe auch an die Blatt- und Blütenfarben ihrer Lieblingspflanzen, die Sie einsetzen möchten, anpassen, sodass sie sich gegenseitig ergänzen.

Einfach bauen

Kastenbeete und Einfassungen lassen sich mit wenig Aufwand selber bauen. Am einfachsten herzustellen sind Beetbegrenzungen aus Holzbrettern und -leisten, aber auch Ziegelsteine, Steinplatten

Einfassungen verhindern, dass Erde aus den Kastenbeeten auf die Wege rieselt und dass Kiesel des Wegbelags in die Beete gelangen.

und selbst Metallstreifen lassen sich ohne große Mühe verlegen.

Holz: Einfach und flexibel

Holzeinfassungen können Sie in beliebiger Form, Dicke und Höhe bauen. Spannen Sie um das Beet, das Sie einfassen möchten, eine Schnur, und heben Sie einen etwa 15–20 cm tiefen Graben aus. In diesen kommt grober Kies oder Splitt, und darauf werden die Holzbretter oder Planken senkrecht gestellt. Die Eckverbindungen können Sie mit kurzen Quadratstäben oder Latten stabilisieren, an die die Bretter angeschraubt werden. Die Kiesschicht sorgt dafür, dass das Holz nicht im direkten Kontakt mit der feuchten Erde ist – sonst würde es schneller verrotten.

Steinplatten und Ziegelkanten

Bereiten Sie den Untergrund für die Einfassung wie oben beschrieben vor. Steinplatten und Ziegel werden jedoch besser in ein Mörtel- oder Zementbett gelegt, damit sie stabil und fest stehen. Lassen Sie das Fundament mindestens einen Tag komplett aushärten, bevor Sie das Beet mit Erde füllen.

Metallkanten

Rasenkanten aus Rohstahl sehen sehr schick aus und sorgen für eine saubere Trennung von Rasenflächen und Beeten oder Wegen. Es gibt vorgefertigte Elemente, die einfach ineinandergesteckt werden und in eleganten, geschwungenen Bögen in ein Mörtelbeet verlegt werden können. Für rechtwinklige Ecken und Kanten bzw. Abzweigungen gibt es spezielle Winkelverbindungen. Tragen Sie beim Arbeiten mit Metall immer Handschuhe, damit Sie sich an etwaigen Kanten nicht verletzen.

Links: Ein Holzrahmen bildet den Abschluss dieses Weidenflechtzauns und sorgt dafür, dass das Beet stabil steht und sich nicht verzieht.

Rechts: Von wegen trist: Bunte Randeinfassungen bringen Farbe in den Gemüsegarten.

BEFÜLLUNG & SUBSTRATE

Kompost, Erde oder Spezialsubstrat

Die Füllung, also das Material, in dem Ihre Pflanzen im Hochbeet wachsen werden, hat verschiedene Aufgaben. Sie gibt den Wurzeln Halt, speichert Wasser und Nährstoffe und gibt diese nach und nach an die Pflanzen ab.

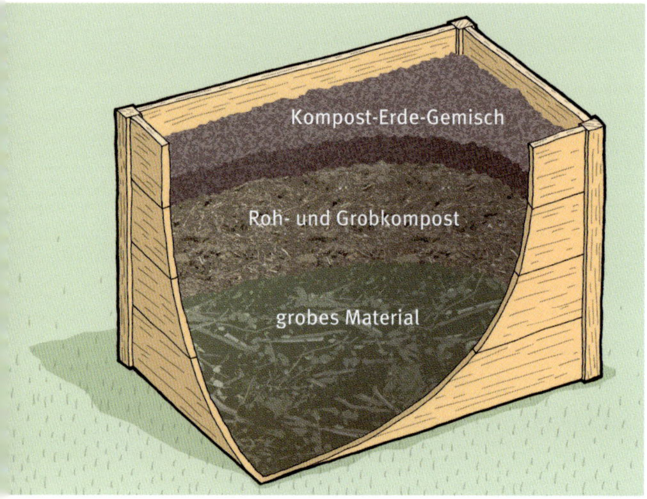

Beim Kompost-Erde-Hochbeet besteht die unterste Schicht aus grobem Material, darüber kommen Rohkompost und Kompost-Erde-Gemisch.

DAS SUBSTRAT ist das Herz des Hochbeets. Je nachdem, welche Pflanzen Sie anbauen möchten, wählen Sie das passende Substrat für Ihr Hochbeet. Gemüse und Küchenkräuter brauchen viele Nährstoffe und gedeihen am besten im geschichteten Kompost-Hochbeet. Auch Prachtstauden wollen eine nährstoffreiche Erde. Andere Stauden wie mediterrane Arten sowie Gräser und kleine Ziergehölze dagegen bevorzugen einen weniger gehaltvollen Boden. Für sie sind Hochbeete besser, die mit Kübelpflanzenerde mit einem hohen Anteil an mineralischen Substanzen wie Lavagrus und Ton gefüllt sind, oder auch spezielle Substrate, die zur Begrünung von Dachgärten verwendet werden.

Klassische Kompost-Füllung

Für Gemüse-Hochbeete hat sich eine Füllung aus grobem und feinem Pflanzenmaterial, Kompost und Kompost-Erde-Gemisch bewährt. Ein solches Hochbeet enthält ausreichend Nährstoffe. Dabei spielt es keine Rolle, ob das Hochbeet aus Holz, Stein oder Metall gebaut wurde, die Schichtung ist immer dieselbe.

- Die unterste Lage besteht aus einer 30–50 cm dicken Schicht aus Ästen, Zweigen, grobem Pflanzenmaterial und Heckenschnitt. Wenn es zu locker ist, wird es einfach durch Antreten etwas verdichtet. Diese Schicht sorgt dafür, dass Gieß- und Regenwasser nach unten abfließen kann und keine Staunässe entsteht. Außerdem entwickelt sich durch die vielen kleinen Hohlräume, die Luft und Sauerstoff enthalten, ein reges Bodenleben.
- Die nächste Schicht besteht aus bereits angerotteten Pflanzenresten, Rohkompost, Rasensoden und feinem Häckselgut. Sie sollte 20–30 cm stark sein (→ Seite 34).
- Zum Schluss wird eine 15–20 cm dicke Schicht aus einem Gemisch feiner Gartenerde und Kompost (Verhältnis 1:1) aufgetragen, in der die Pflanzen wachsen werden.

Gießen Sie das Beet nach dem Füllen durchdringend an, damit sich der Boden etwas setzt. Wird das Beet im Herbst angelegt, kann es vorkommen, dass sich das Substrat bis zum Frühling »gesetzt« hat, also durch den Rotteprozess zusammengesackt ist. Dann wird es einfach mit frischer Pflanzerde oder einem Kompost-Erde-Gemisch wieder aufgefüllt. Ein Kompost-Hochbeet ist meist nach fünf bis

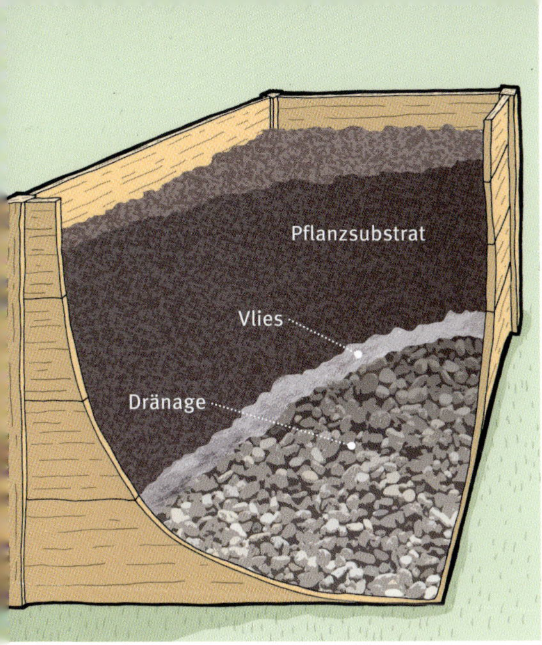

Bei Hochbeeten, die mit Pflanzsubstrat gefüllt werden, verhindert ein Vlies, dass sich die Dränageschicht zusetzt.

acht Jahren sehr stark zusammengesackt, da dann auch die unterste Schicht verrottet ist. Es sollte dann neu aufgesetzt werden.

Pflanzsubstrate

Nicht jeder hat im Garten genügend Pflanzenmaterial und Kompost, um ein Hochbeet zu füllen. Wenn Sie in der Stadt wohnen, einen kleinen Garten haben oder nur einen Innenhof, müssen Sie deshalb nicht auf ein Hochbeet verzichten.

- Als unterste Dränageschicht dient grober Kies, Splitt oder Schotter. Füllen Sie das Beet damit etwa 20 cm hoch auf.
- Auf die Dränageschicht kommt nun ein Unkrautvlies, das verhindert, dass das Pflanzsubstrat in die Zwischenräume gespült wird und so die Kiesschicht verstopft.
- Füllen Sie das Hochbeet zum Schluss mit hochwertiger Pflanzerde auf. Besonders gut eignet sich Kübelpflanzen- oder Zitruserde, die einen hohen Anteil mineralischer Substanzen wie Lavagrus und Ton hat. Dadurch ist sie strukturstabiler, sie zersetzt sich nicht so schnell und sackt nicht zusammen wie Balkonpflanzenerde.

Sonderfall Balkon-Hochbeet

Um Gewicht zu sparen, wird bei Hochbeeten auf dem Balkon eine 20–30 cm dicke Schicht Blähton als Dränage verwendet.

Mineralische Füllungen

Hochbeete, die mit einer sogenannten Dauerbepflanzung versehen werden, also mit Stauden, Gräsern, Sträuchern und kleinen Bäumen, brauchen ein Substrat, das viele Jahre stabil bleibt und nicht zusammensackt und verdichtet.

Dachgartensubstrate sind ideal

Zur Begrünung von Dächern wurden spezielle Pflanzsubstrate entwickelt, die ideale Eigenschaften für die Befüllung von Hochbeeten haben, die dauerhaft bepflanzt sind. Sie sind leicht, halten die Feuchtigkeit lange, speichern Nährstoffe und verrotten nicht. Sie bestehen aus einer Mischung unterschiedlich großer Lavastückchen, dazu kommt Bims, Ton und etwas organisches Material wie Holzfasern, Torf, Rindenhumus und Kompost. Diese Substrate können viele Jahre im Hochbeet verbleiben, ohne dass man sie austauschen muss.

Substrate für Hochbeete mit einer Dauerbepflanzung dürfen sich nicht zersetzen. Spezielle Dachgartensubstrate sind dafür sehr gut geeignet.

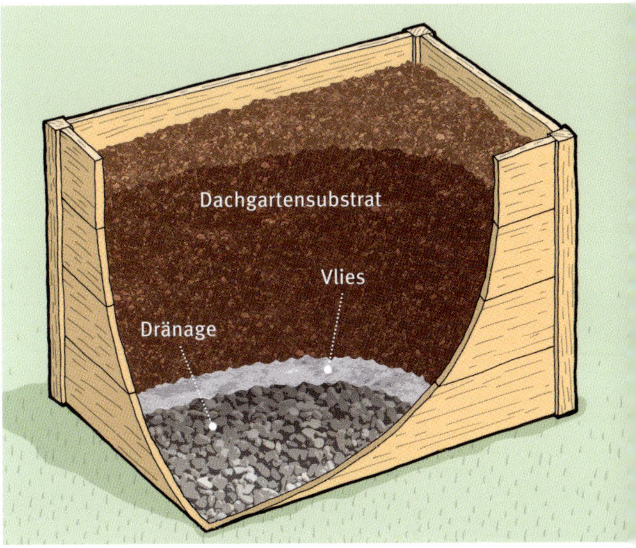

SCHICHT FÜR SCHICHT

Die klassische Hochbeet-Füllung

IM FRÜHJAHR gibt es reichlich pflanzliches Material – vom Baumschnitt bis hin zum fertigen Kompost vom vergangenen Jahr. Doch auch der Herbst bietet reichlich Heckenschnitt, Ernterückstände, abgeblühte Stauden und Sommerblumen. Diese Pflanzenabfälle sind die ideale Grundlage für die Füllung eines Hochbeets. Nicht verrottetes Material dient als Dränage, leicht angerottetes ist das Herzstück der Füllung, und gekrönt wird das Ganze von einer nährstoffreichen Kompost-Erde-Mischung.

1

← *Die unterste Schicht im Hochbeet besteht aus noch nicht verrotteten Zweigen wie Hecken- und Strauchschnitt und Ästen sowie noch grünen Ernteresten wie abgeräumten Sommerblumen und Staudenstängeln. Sie dient als Dränage, damit sich am Boden des Hochbeets kein Wasser sammelt, das zu Staunässe führt.*

2

↑ *Treten Sie das Pflanzenmaterial gut fest. Ist die Schicht zu locker, sackt der Beetinhalt zu sehr zusammen, wenn das Material verrottet, und Sie müssen neue Erde auffüllen.*

Das brauchen Sie:

- → Heckenschnitt, grobes Pflanzenmaterial
- → Rohkompost (leicht angerotteter Kompost)
- → feiner Kompost oder Pflanzerde

3

Als Nächstes wird eine etwa 20–30 cm starke Schicht aus angerotteten Pflanzenteilen, Rohkompost, Rasensoden oder Häckselgut eingefüllt und gut verteilt. Dieses Material zersetzt sich im Lauf der Zeit und sorgt für einen kontinuierlichen Nährstoffnachschub.

4

Die oberste Schicht bildet feiner, reifer und gut verrotteter Kompost, vermischt mit Garten- oder Pflanzerde. In sie kommen die Samen oder Jungpflanzen. Wenn das Hochbeet im Herbst gefüllt wird, können Sie es mit einer dunklen Folie abdecken, damit über den Winter keine Nährstoffe ausgewaschen werden.

Was tun, wenn ...

... man nicht genug Pflanzenmaterial zusammenbekommt? Fragen Sie Nachbarn oder in einem Kleingartenverein nach Heckenschnitt. Dort gibt es oft viele Gärtner, die dankbar für Abnehmer von überschüssigen Pflanzenresten sind. Auch in städtischen Kompostierungsanlagen gibt es das »schwarze Gold des Gärtners« gegen eine kleine Gebühr oder sogar umsonst. Ganz wichtig: Es muss Grüngutkompost sein. Kompost aus Bioabfallanlagen ist viel zu salzhaltig und für den Gemüseanbau nicht geeignet. Er taugt höchstens als Dünger in der Landwirtschaft. Grüngutkompost wird aus Laub, Heckenschnitt und sonstige Gartenabfällen hergestellt und ist wertvoller, nährstoffreicher Humus.

SCHUTZ VOR WIND & WETTER
Gärtnern unter Glas, Vlies & Folie

Mit einigen einfachen Hilfsmitteln wie Folie, Vlies oder einer Glasabdeckung, können Sie den Anbauzeitraum im Hochbeet sowohl zu Beginn wie auch zum Ende der Wachstumssaison um einige Wochen verlängern.

Frühbeete mit geschlossenen Seitenwänden lassen sich in überdachte Hochbeete verwandeln.

DOPPELT HÄLT besser. Unter schützender Folie oder Glas wachsen Pflanzen besser und schneller als im freien Beet. Das liegt daran, dass sich unter der durchsichtigen Überdachung die Sonnenwärme speichert, die Luft erwärmt und auch die Feuchtigkeit länger hält. Die Wärme sorgt dafür, dass Bakterien und Pilze im Boden aktiver sind und mehr Nährstoffe freisetzen. Mehr Nährstoffe, mehr Wärme und mehr Feuchtigkeit bedeuten mehr Wachstum. Wenn Sie Ihr Hochbeet mit den Vorteilen des sogenannten geschützten Anbaus kombinieren, können Sie tatsächlich schon ab Mitte Februar die Gartensaison mit der Aussaat von Salat, Feldsalat, Postelein und Gartenkresse beginnen – das ist vier bis sechs Wochen, bevor die ersten Aussaaten im Freiland möglich sind!
Im Herbst verlängert sich der Anbauzeitraum bis in den November/Dezember hinein ebenfalls um einige Wochen. Durch die gleichmäßigere Feuchtigkeit im Frühbeetkasten brauchen die Pflanzen weniger gegossen werden. Vergessen Sie aber das Lüften nicht, denn sonst kann die Luft unter der Abdeckung schnell zu warm werden. Auch fördert stehende, stickige Luft den Befall der Pflanzen mit Pilzkrankheiten und Schädlingen.

Frühbeet-Hochbeet

Ein einfaches Frühbeet mit festen Seitenwänden können Sie in ein »Frühbeet-Hochbeet« verwandeln, indem Sie es zum Teil mit Kompost oder Pflanzerde auffüllen. Auch der Selbstbau ist nicht schwer: Schrauben Sie vier Bretter oder Leimholzbretter zusammen (→ Seite 42ff.), und decken Sie das Hochbeet mit einer Plexiglasplatte ab. Alternativ können Sie auch ein ausrangiertes Fenster verwenden. Plexiglas hat den Vorteil gegenüber Gartenglas, dass es bei Hagel nicht zersplittert und außerdem das UV-Licht hindurchlässt. Sie können das Plexiglas auch auf einen Rahmen aus Holzleisten aufschrauben, der mit Scharnieren am Hochbeetrahmen befestigt wird. Bohren Sie mit einem Metallbohrer Löcher in die Kunststoffplatte, damit das Plexiglas beim Anschrauben nicht splittert.

Tomaten sind weniger anfällig für Kraut- und Braunfäule, wenn Blätter und Triebe vor Regen geschützt werden.

Gewächshaus-Aufsatz

Noch komfortabler als eine Kombination aus einem Früh- und einem Hochbeet ist ein richtiger Gewächshaus-Aufsatz für das Hochbeet. Er wird im Frühjahr wie eine Haube über das Beet gestülpt, und Sie können die Vorteile des Hochbeets – Gärtnern ohne Bücken – mit denen des Gewächshausgärtnern – geschützter Anbau – kombinieren. Wenn es im Sommer ohnehin warm ist und im Gewächshaus zu heiß würde, kann der Aufsatz einfach abgenommen werden.

Tomatenhaus

Was für den Salatgärtner Schnecken sind, ist dem Tomatenanbauer die gefürchtete Kraut- und Braunfäule. Sie wird von einem Pilz verursacht, der über die Wurzeln und Blätter in die Pflanze eindringt und die Leitungsbahnen verstopft. Befallene Pflanzenteile werden braun und sterben ab, und die Früchte von infizierten Pflanzen schmecken bitter. Gegen die Krankheit helfen nur der Anbau von resistenten Sorten (→ Seite 100) sowie ein Schutz der Tomaten gegen Regen, durch den die Pilzsporen verbreitet werden. Eine Überdachung mit durchsichtiger Folie ist am Hochbeet durch ein Lattengerüst problemlos zu realisieren. Die Infektion über die Wurzeln spielt im Hochbeet eher eine untergeordnete Rolle, wenn die Pflanzen nicht in Erde, sondern Pflanzsubstrat oder Kompost wachsen.

Vlies- und Folientunnel

Eine weitere, einfache Variante des geschützten Anbaus ist die Kultur unter einer Folie oder einem Vlies. Stecken Sie dazu Rundbögen aus Metall, die es als Fertigsatz im Gartencenter zu kaufen gibt, oder kunststoffummantelte Aluminium-Wasserrohre im Abstand von etwa 40–50 cm ins Beet.

- Unter Folie erwärmt sich das Beet, auch die Luftfeuchtigkeit ist höher – ideal für zarte Jungpflanzen.
- Vlies schützt vor nächtlicher Kälte und hat eine leichte schattierende Wirkung – perfekt für den Anbau von Gurken.
- Gemüsenetze bremsen den Wind und sorgen für ein etwas ausgeglicheneres Mikroklima um die Pflanzen. Außerdem verhindern sie, dass Möhren-, Kohl- und Zwiebelfliegen ihre Eier an die Gemüsepflanzen legen.

Über dem Beet gespannte Bögen können je nach Bedarf mit Folie oder Vlies bezogen werden.

PFLANZEN UND pflegen

DAMIT IHRE PFLANZEN im Hochbeet prächtig wachsen und vom Frühjahr bis zum ersten Frost eine reiche Ernte möglich ist, finden Sie in diesem Kapitel die wichtigsten Informationen zu Gemüsen, Salaten, Kräutern und Obst: welche Sorten zu empfehlen sind, wie Sie am besten aussäen, pflanzen, gießen und düngen und was zu tun ist, wenn es einmal Probleme mit Krankheiten oder Schädlingen geben sollte. Dazu gibt es spezielle Anbaupläne von drei verschiedenen Gemüsebeeten.

GÄRTNERN IM HOCHBEET
Nützliches Werkzeug und Zubehör

Hochbeetgärtner brauchen nur ein überschaubares Sortiment an Gartengeräten und Zubehör für die Pflege der Pflanzen und die Bearbeitung des Substrats oder der Erde. Für den Anfang reicht folgende Grundausstattung, die Sie mit der Zeit ergänzen können.

QUALTITATIV HOCHWERTIGE
Werkzeuge haben ihren Preis, aber die Investition lohnt sich, denn sie halten – fast – ein Gärtnerleben lang. Lassen Sie sich also nicht von Billigangeboten locken. Die Freude währt nur kurz – entweder weil das Werkzeug schon nach kurzer Zeit kaputtgeht, sich Griffe lockern, Klingen stumpf werden oder Metallteile abknicken oder -brechen.
Prüfen Sie bei allen Werkzeugen vor dem Kauf, ob sie gut in der Hand liegen. Manchen gefallen Holzgriffe, andere bevorzugen Kunststoff oder weiche Griffe mit einer Schaumstoffummantelung. Werkzeug von Markenherstellern sind meist solider verarbeitet, und Verschleißteile, z. B. Federn und Klingen bei Scheren, können nachbestellt werden.

GRUNDAUSSTATTUNG
Als Grundausstattung reichen zum Gärtnern im Hochbeet kleine Handgeräte, die meist ohnehin im Garten vorhanden sind.
Handschaufel und Blumengabel sind nützlich zum Ziehen von Rillen bei der Aussaat oder um Pflanzlöcher auszuheben.

- Mit einer drei- oder vierzackigen Handharke können Sie die Erde zwischen den Reihen oder Pflanzen auflockern.
- Mit einem kleinen Handrechen zieht man die Substratoberfläche im Beet glatt, damit man leichter säen und pflanzen kann.
- Zum Entfernen welker Blätter, zum Schneiden von Schnur und zum Ernten ist ein einfaches Messer hilfreich. Für den Anfang reicht ein altes Küchenmesser, es gibt aber auch spezielle Gärtnermesser mit einer geschwungenen Klinge. Diese sogenannten Hippen sind bei den genannten Gartenarbeiten besonders praktisch.
- Eine Gartenschere ist unentbehrlich für alle Schnittarbeiten. Vor allem bei Scheren ist es wichtig, dass Sie sie vor dem Kauf ausprobieren. Es gibt auch Modelle für Linkshänder und unterschiedliche Größen für unterschiedlich große Hände.
- Eine Gießkanne und/oder ein Schlauch sind unentbehrlich zum Bewässern der Pflanzen.
- Handschuhe aus Stoff und Leder sind vor allem dann sinnvoll, wenn Sie eine empfindliche Haut haben. Sie schützen vor Schmutz und Blatthärchen von Gurken und Zucchini, die Juckkreiz oder Rötungen verursachen. Latexhandschuhe sind sinnvoll beim Ausbringen von Düngern und Schneckenkorn.

Nützliches Zubehör
Zusätzlich zur Grundausstattung sind folgende Gartenutensilien nützlich: Garten- oder Bindeschnur, Draht, Unkrautvlies, durchsichtige Folie zum Abdecken, verschiedene Holz- und Bambusstäbe zum Stützen sowie Etiketten zum Beschriften. Beim Sammeln und Transport von Pflanzenresten, Erntegut und Kleinwerkzeug ist ein Eimer oder Gitterkorb hilfreich.

Immer griffbereit: Handschaufel und -hacke reichen für die meisten Arbeiten am und im Hochbeet aus.

GIESSEN, DÜNGEN, PFLEGEN
Was Pflanzen wirklich brauchen

Pflanzen brauchen drei Dinge für ein gesundes Wachstum: Licht, Wasser und Nährstoffe. Der Wachstumsfaktor Licht kann nur durch den Standort und die Ausrichtung des Beets beeinflusst werden. Bewässerung und Düngung liegen in der Hand des Gärtners.

Wenn Sie bereits vorgezogene Jungpflanzen setzen, können Sie zwei bis vier Wochen eher ernten.

OHNE DIE drei Wachstumsfaktoren Licht, Wasser und Nährstoffe können Pflanzen nicht wachsen. Licht benötigen sie, um in den Blättern mithilfe des grünen Blattfarbstoffs Chlorophyll Kohlendioxid aus der Luft mit Wasser aus dem Boden zu Sauerstoff und Traubenzucker umzubauen. Letzterer ist der Ausgangsstoff für alle anderen Substanzen, die die Pflanze produziert.

GIESSEN

Ohne Wasser vertrocknen Pflanzen und können keine Nährstoffe mehr aufnehmen. Im Garten erhalten die Pflanzen durch den Regen normalerweise ausreichend Feuchtigkeit. In intensiv bewirtschafteten Beeten und im Hochbeet muss während langer Hitze- und Trockenperioden zusätzlich bewässert werden. Sie können Wasser sparen, indem Sie folgende Gießregeln beachten:

- Gießen Sie in den frühen Morgenstunden. Wenn Sie mittags wässern, verdunstet ein Teil des Wassers durch die höheren Temperaturen. Wer abends gießt, macht Schnecken das Vorankommen leicht und begünstigt Pilzkrankheiten.
- Gießen Sie immer durchdringend, damit das Wasser tief in den Boden einsickert. So werden die Pflanzen angeregt, lange Wurzeln zu bilden und trocknen nicht aus, wenn die oberen Schichten einmal austrocknen.

* Gießen Sie wenn möglich immer zwischen die Pflanzen und nicht über die Blätter und Triebe. Feuchte Pflanzenteile sind anfälliger für Pilzinfektionen.

Regenwasser nutzen

Regenwasser, das von Dachflächen aufgefangen wird, ist eine ideale, kostenlose Quelle für das kostbare Nass. Zum Auffangen und Speichern gibt es mittlerweile attraktive Behälter, Sie müssen also nicht auf blaue oder grüne Regentonnen zurückgreifen, deren Anblick im Garten oft stört. Wenn Sie viel Wasser benötigen, ist der Bau einer unterirdischen Zisterne empfehlenswert, in der größere Mengen Wasser gespeichert werden.

Automatische Bewässerung

Wer viele Hochbeete hat oder öfter verreist, für den lohnt sich ein automatisches Bewässerungssystem mit Tropf- oder Perlschläuchen. Es wird von einer Zeitschaltuhr oder einem Bewässerungscomputer gesteuert. Das System wird an einen Wasserhahn oder die Regentonne angeschlossen.

Düngen

Pflanzen brauchen zum Wachsen verschiedene Nährstoffe: Stickstoff (N), Phosphor (P) und Kalium (K) sind die Hauptnährstoffe. Zusätzlich benötigen sie Magnesium (Mg) und Kalzium (Ca) sowie Spurenelemente wie Bor, Mangan, Zink und Eisen. Diese Nährstoffe können der Pflanze in Form von mineralischen oder organischen Düngern zur Verfügung gestellt werden.

* Mineralische Dünger liegen in ihrer reinen Form vor, sind wasserlöslich, können direkt aufgenommen werden und wirken sehr schnell.
* Organische Dünger stammen aus pflanzlichen oder tierischen Rohstoffen und werden im Boden durch Mikroorganismen aufgeschlossen. Dadurch geben sie ihre Nährstoffe langsamer und gleichmäßiger an den Boden ab.
* Pflanzen können Nährstoffe nur dann aufnehmen, wenn genug Feuchtigkeit im Boden vorhanden ist. Daher ist es wichtig, nach dem Düngen immer zu gießen.

Laufende Pflege

Damit Ihre Pflanzen gesund bleiben, sollten Sie abgestorbene, welke und kranke Blätter und Pflanzenteile regelmäßig entfernen. Lockern Sie die Erde zwischen den Pflanzen gelegentlich mit einer Handharke auf. Das verhindert, dass Feuchtigkeit von unten aus dem Beet an die Oberfläche steigt und verdunstet. Außerdem werden etwaige Unkrautkeimlinge dabei beseitigt.

Ernten

Der richtige Zeitpunkt zur Ernte hängt von der Pflanzenart ab. Viele Gemüse sind besonders zart, wenn man die Blätter oder Früchte früh erntet, wie Erbsen, Bohnen, Lauch und Salat. Fruchtgemüse wie Tomaten und Paprika sowie alle Beerenfrüchte schmecken am besten, wenn sie an der Pflanze ausreifen können. Achten Sie bei Bohnen und Zucchini darauf, dass einzelne Früchte nicht zu groß werden, denn dann hört die Pflanze auf, neue Blüten und damit neue Früchte anzusetzen. Kleine Früchte schmecken sowieso aromatischer und sind zarter in der Konsistenz.

Bohnen werden regelmäßig durchgepflückt, damit die Pflanzen laufend neue Früchte bilden.

SO GELINGT DIE AUSSAAT

Vom Samenkorn zur großen Pflanze

IM HOCHBEET können Sie viele Gemüse und Kräuter direkt säen. Das Saatbett, also die Erde, in die Sie die Samen legen, sollte feinkrümelig sein und wird mit einem Handrechen glatt gezogen. Wenn Sie Ihr Gemüse in Reihen aussäen möchten, dient eine zwischen zwei Pflöcken oder Stäbchen gespannte Schnur als Orientierung. Säen Sie nicht in reinen Kompost, dieser ist für viele Samen zu nährstoffreich. Bei Kompost-Hochbeeten füllen Sie zunächst eine 5 cm dicke Schicht Aussaaterde ins Beet, in die dann gesät wird.

Das brauchen Sie:

- → Gemüse- oder Kräutersamen
- → Handrechen
- → Schnur und Pflöcke (bei Bedarf)
- → Pflanzschaufel
- → Gießkanne oder Schlauch mit Brausekopf

Einzelsaat: Große Samen wie die von Zucchini, Gurken oder Kürbis, steckt man einzeln mit der Spitze nach unten so ins Beet, dass die Samen etwa 3–4 cm tief im Boden liegen.

Horstsaat: Buschbohnen und Erbsen werden in kleinen Grüppchen mit drei bis fünf Samen in Löcher gelegt. Bedecken Sie die Samen ungefähr 2–3 cm hoch mit Erde.

← Bandsaat: Viele Kräuter und Gemüse werden in Saatbändern oder -platten angeboten. Zwischen zwei Vlieslagen sind die Körner im richtigen Abstand eingelegt. Das Band wird in eine Rille gedrückt, die man mit dem Finger oder einer Handschaufel zieht, und dann je nach Pflanzenart 1–3 cm hoch mit Erde bedeckt. Das Vlies löst sich im feuchten Substrat von alleine auf und zersetzt sich innerhalb weniger Tage.

Reihen- oder Flächensaat: Feine Samen werden direkt aus der Saattüte in Reihen oder breitflächig auf der Beetoberfläche ausgesät. Sehr feine Samen lassen sich gleichmäßiger ausbringen, wenn man sie vor der Aussaat mit feinem Sand vermischt. Den richtigen Abstand zwischen den Reihen und den Samenkörnen können Sie der Samentüte entnehmen. →

← Zum Schluss wird gründlich angegossen. Verwenden Sie einen Schlauch mit Brauseaufsatz oder eine Gießkanne mit Brausekopf. Durch das Angießen werden die Erdpartikel dicht an den Samen gespült, sodass er schnell aufquillt und die Sämlinge keimen.

FÜR UNGEDULDIGE

Saisonverlängerung mit Jungpflanzen

WER IM FRÜHLING bei den ersten Sonnenstrahlen im Garten gleich loslegen möchte, wartet nicht, bis aus Samen kleine Pflänzchen wachsen, sondern setzt vorgezogene Jungpflanzen direkt ins Hochbeet. Die Setzlinge haben gegenüber gesäten Pflanzen einen Wachstumsvorsprung von vier bis acht Wochen. Pflanzen Sie im Frühling, wenn es noch kühler ist, um die Mittagszeit. Im Sommer sind die Abendstunden, wenn es nicht mehr so heiß ist, besser als Pflanzzeit geeignet, damit die zarten Jungpflanzen nicht welken.

1

← *Glätten Sie zunächst die Oberfläche des Hochbeets mit einem Handrechen. Dann ziehen Sie eine Rille. Sie dient später als Orientierungshilfe, wenn Sie die Jungpflanzen ins Beet setzen.*

2

↑ *Je nach Art setzt man die Jungpflanzen unterschiedlich tief in die Erde. Bei Salat und Kohlrabi sollte die obere Hälfte des Ballens über der Erde liegen, und die Blätter sollten »im Wind wehen«. Wird Salat zu tief gepflanzt, bleiben die Köpfe locker oder das Herz fault.*

Das brauchen Sie:

- Gemüsejungpflanzen
- Pflanzschaufel und Handrechen
- Schnur und Pflöcke (bei Bedarf)
- Gießkanne
- evtl. dünnes Vlies

3

← Tomaten werden tief gepflanzt, denn sie bilden an dem Trieb, der in der Erde steckt, schnell zusätzliche Wurzeln. So können Sie »vergeilte« Jungpflanzen retten, also solche, die zu dunkel und warm vorgezogen wurden und lange dünne Triebe gebildet haben: Einfach den Trieb einrollen und mit Erde bedecken.

4

Zum Schluss wird gründlich → angegossen. Damit die zarten Jungpflänzchen keinen Kälteschock bekommen, sollte das Wasser temperiert sein. Durch das Angießen kommen Wurzeln und Boden in direkten Kontakt. Bleibt die Erde trocken, zieht sie Feuchtigkeit aus dem Wurzelballen, und die Setzlinge trocknen aus.

Was kommt wann ins Beet?

Mit vorgezogenen Jungpflanzen können Sie die Erntesaison im Frühjahr durchaus um zwei bis vier Wochen verlängern. Salat, Spinat, Mangold und Kohl können Sie bereits ab März/April ins Hochbeet setzen. Gegen kalte Nächte hilft eine Abdeckung mit ein oder zwei Lagen Frostschutzvlies (→ Seite 75). Kälte- und frostempfindliche Gemüse wie Tomaten, Gurken, Paprika, Zucchini und Kürbisse pflanzt man dagegen erst ab Mitte oder Ende Mai ins Freiland aus. Auberginen und Chinakohl kommen sogar erst Ende Mai/Anfang Juni ins Freie. Auch spät reifende Kohl-Arten wie zum Beispiel Herbst-Brokkoli, Romanesco und Blumenkohl sowie Sprossenbrokkoli werden erst im Juni/Juli gepflanzt.

SCHÄDLINGE & KRANKHEITEN
Schnelle Hilfe bei Problemen

Nicht immer gedeihen die Pflanzen so, wie man das gern möchte – vor allem wenn sich unerwünschte Mitesser an zarten Trieben zu schaffen machen. Mit ein paar einfachen Tricks können Sie Ihre Gemüse vor Krankheiten und Schädlingen schützen.

Ein selbstklebendes Kupferband verhindert, dass Schnecken von außen ins Beet kriechen.

SO GROSS die Vielfalt an Pflanzen ist, die im Hochbeet angebaut werden können, so viele unerwünschte Krankheiten und Schädlinge gibt es auch. Jedoch bedeutet nicht jede Blattlaus und nicht jedes welke Blatt den Tod der Pflanze. Viele Probleme lassen sich durch vorbeugende Schutzmaßnahmen und die richtige Kultur verhindern. Dabei ist es wichtig zu wissen, um welche Krankheit oder welchen Schädling es sich handelt (→ Seite 134/135). Denn nur, wenn man weiß, mit wem oder was man es zu tun hat, kann man beurteilen, ob Gegenmaßnahmen überhaupt notwendig oder lohnenswert sind. Dabei gilt: Im Hausgarten haben chemische Pflanzenschutzmittel nichts verloren, es gibt natürliche und umweltverträgliche Alternativen.

Schädlinge

Schnecken und Gemüsefliegen sind die häufigsten Schädlinge an Gemüse. Sie lassen sich mit mechanischen Barrieren am besten bekämpfen.

* Nacktschnecken können in kurzer Zeit ganze Salatreihen kahl fressen. Ein Schneckenzaun an der Oberkante des Hochbeets und/oder ein um das Beet geklebtes Kupferband verhindern, dass sie von außen ins Beet gelangen. Sind Schneckeneier mit der Erde oder den Pflanzen ins Hochbeet gelangt, hilft nur prophylaktisches Streuen von Schneckenkorn. Am unbedenklichsten sind Präparate auf Eisen-III-Basis.
* Gemüsefliegen kommen an Möhren, Zwiebeln, Lauch und Kohl vor. Im Hochbeet sind die Pflanzen etwas weniger anfällig, da die Fliegen selten höher als 40–50 cm über dem Boden fliegen. Zusätzlichen Schutz bieten Kulturschutznetze und bei Kohlpflanzen ein sogenannter Kohlkragen. Das sind kleine Scheiben, die man um die Jungpflanze legt. Sie verhindern, dass die Fliegen ihre Eier an die Stängelbasis legen.
* Blattläuse sind eher lästig als schädlich. Sie werden vor dem Verzehr abgewaschen.
* Trauermücken sind kleine schwarze Fliegen. Ihre Larven leben in nasser, humusreicher Erde. Mit Gelbtafeln können die Fliegen abgefangen werden, gegen die Larven hilft es meist schon, die Erde trockener zu halten.
* Kohlweißlingsraupen fressen an allen Kohl-Arten und Rucola. Absammeln von Hand und eine Abdeckung mit feinmaschigen Netzen (über der Pflanze) verhindert, dass die Falter ihre Eier ablegen können.

Krankheiten

Mehltau und Braunfäule kommen bei der besten Pflege vor. Wie andere Krankheiten lassen sie sich durch vorbeugende Maßnahmen relativ gut in Schach halten oder durch eine gezielte Auswahl resistenter oder robuster Sorten verhindern.

- Beim Echten Mehltau, der bei Hitze und Trockenheit auftritt, sind die Pflanzen mit einem weißlichen Belag überzogen. Vorbeugend mit einem Ackerschachtelhalm-Präparat spritzen. Falscher Mehltau zeigt sich bei kühlem, nassem Wetter. Eine Milchspritzbrühe (1 Teil Milch, 9 Teile Wasser), auf befallene Pflanzenteile gesprüht, wirkt Wunder.
- *Phytophthora infestans* heißt der Erreger der Kraut- und Braunfäule bei Tomaten. Er dringt über Wurzeln und Blätter in die Pflanzen ein. Blätter, Triebe und Früchte werden braun und sterben ab. Versehen Sie die Tomaten vorbeugend mit einem Schutzdach, dann sind sie vor Sporen, die mit dem Regen aus der Luft ausgewaschen werden, geschützt.

Eine Folien- oder Vliesabdeckung im Winter verhindert, dass Nährstoffe ausgewaschen werden.

- Grauschimmel befällt die Früchte von Erdbeeren, wenn sie auf der feuchten Erde liegen. Eine Mulchschicht aus Stroh hilft.
- Gegen Fäulnis- und Welke-Pilze hilft nur, die Erde etwas trockener zu halten.

Vlies schützt vor Kälte und Insekten

Im Frühling und im Herbst können Sie empfindliche Jungpflanzen oder Fruchtgemüse mit Vlies vor Kälte schützen. Dieses Vlies gibt es in Braun und Weiß. Letzteres ist besser geeignet, da es mehr Licht durchlässt. Das Vlies verhindert, dass die Pflanze Wärme, die sie tagsüber aufgenommen hat, in der Nacht abstrahlt. Vor allem bei klarem Himmel ist dieser Abstrahlungseffekt groß und kann sogar dazu führen, dass es zu Bodenfrost kommt, obwohl die umgebende Lufttemperatur über 0 °C liegt. Je mehr Lagen Vlies Sie zur Abdeckung verwenden, desto größer ist der Isoliereffekt. Zusätzlicher Vorteil: Das Vlies schützt Gemüse vor Insekten wie Gemüsefliegen, Blattläusen und Kohlweißlingen.

ARBEITSKALENDER

Hochbeet-Gärtnern rund ums Jahr

Im Hochbeet fängt die Gartensaison ein paar Wochen früher an als im normalen Gemüsegarten und dauert bis in den späten Herbst hinein. Sie können sogar noch im Winter ernten, wenn Sie rechtzeitig im Spätsommer säen oder pflanzen.

Pak Choi ist besonders zart, wenn er jung geerntet wird.

WENN IM normalen Gemüsegarten im Februar der Boden noch gefroren ist, beginnt im Hochbeet schon die Gartensaison. Denn weil das Beet auch von den Seiten besonnt wird, erwärmt sich die Erde im Hochbeet schneller. Wenn Sie das Hochbeet zudem mit einer Folie abdecken, geht dieser Prozess noch schneller vonstatten. Sie können ab März die Folie entfernen und mit dem Aussäen und Einsetzen von Jungpflanzen beginnen.

Das Hochbeet im Frühling

Säen und pflanzen heißt es ab März bis April im Hochbeet-Garten. Die Gartensaison beginnt mit der Aussaat von Radieschen, Rettichen, Spinat, Mangold und Schnitt- sowie Pflücksalaten. Auch Kräuter wie Petersilie, Gartenkresse, Kerbel und Salatkräuter wie Rucola (Rauke) und Asia-Salate wie Mizuna sind relativ unempflindlich gegen Kälte und können ab Ende März gesät werden. Wichtig: Decken Sie die Aussaaten nach dem Angießen mit weißem Vlies ab. So sind die Keimlinge vor Kälte geschützt. Verwenden Sie unbedingt Vlies und keine Folie, denn unter ihr staut sich die Feuchtigkeit, und es besteht Gefahr von Schimmel und Fäulnis. Ab April kommen Steckzwiebeln und Knoblauch ins Beet, und Sie können mit der Aussaat von Lauch- oder Frühlingszwiebeln beginnen.
Auch Möhren, Pastinaken und Wurzelpetersilie werden ab März/April gesät. Säen Sie bei Möhren alle zwei Wochen eine neue Reihe aus, damit Sie die ganze Saison kontinuierlich ernten können. Damit schon im Mai der erste Salat bereit zur Ernte ist, können Sie ab Anfang April, wenn kein Schnee mehr liegt, vorgezogene Salatjungpflanzen setzen. Besonders schön sieht es aus, wenn Sie unterschiedliche Sorten – rot- und grünblättrige oder glatte und krause – abwechselnd pflanzen.

Düngen

In den ersten drei Jahren brauchen Sie ein Kompost-Hochbeet nicht zu düngen. Wenn Sie im vierten Jahr nach dem Aufsetzen starkzehrende Gemüse (→ Seite 81) wie Tomaten pflanzen möchten, ist eine Handvoll organischer Volldünger pro

Quadratmeter Beetfläche empfehlenswert – oder Sie füllen das mittlerweile leicht abgesackte Beet mit einem frischen Kompost-Erde-Gemisch auf. Ist das Beet stark abgesackt, sollten Sie die Erde bzw. das Substrat komplett austauschen (→ Seite 58/59).

Das Hochbeet im Sommer

Ab Mitte Mai, wenn nach den Eisheiligen normalerweise keine Nachtfrostgefahr mehr besteht, ist die Zeit der wärmeliebenden Gemüse gekommen. Jetzt werden Paprika, Chili und Tomaten ins Hochbeet gepflanzt. Stecken Sie die Stützstäbe, die die Pflanzen später ohnehin brauchen, gleich beim Einpflanzen mit ins Beet. Die Stäbe verhindern, dass die Pflanzen um- oder abknicken. Sollte doch noch eine kalte Nacht angekündigt werden, decken Sie Beet und Pflanzen einfach mit Vlies ab. Ende Mai/Anfang Juni dürfen Sie dann auch die vorgezogenen Auberginen und Gurken sowie Zucchini und Kürbisse setzen. Pflanzen Sie rankende und ausladende Gemüse an den Rand oder die Ecken des Hochbeets, dann können die Blätter und Triebe zumindest auf einer oder zwei Seiten über den Beetrand hängen, und sie nehmen nicht so viel Beetfläche ein. Auch Erdbeeren kommen als Dauerkultur an den Rand des Beets.

Weiterhin werden Kohlrabi gepflanzt, und zwar alle zwei Wochen ein neuer Satz Jungpflanzen, damit Sie laufend ernten können. Ab Juni kommen auch Brokkoli und Sommersalat wie Romana ins Beet. Spinat wird jetzt abgeerntet, bevor er »schießt«, also zu blühen beginnt. Auch Knollenfenchel liebt die Wärme und wird bis spätestens Juni gesetzt. Warten Sie zu lange, kann es sein, dass die Pflanzen keine Knolle bilden, sondern direkt zu blühen beginnen.

Gießen

Regelmäßiges Gießen ist ab Juni angesagt, wenn die Tage immer wärmer werden. Kontrollieren Sie vor den Wassergaben, ob die Erde noch feucht ist. Zu viel Nass fördert Fäulnis und Schimmelbildung. Außerdem werden Nährstoffe wie Stickstoff und Kalium in tiefere Schichten ausgespült, wo sie von den Wurzeln nicht mehr erreicht werden.

Das Hochbeet im Herbst

Ab August kommen Herbstgemüse wie späte Brokkoli-Sorten, Grünkohl, Chinakohl, Radicchio und Endivien ins Beet. Auch Spinat kann wieder gesät oder gepflanzt werden, jetzt besteht keine Gefahr mehr, dass er »schießt«. Halten Sie ab September Frostschutzvlies bereit, um das Beet abdecken zu können, wenn die Nächte kälter werden.

Das Hochbeet im Winter

Selbst im Winter können Sie im Hochbeet immer noch ernten. Kälte und Frost machen zum Beispiel Lauch, Sprossenbrokkoli und Pastinaken nichts aus. Auch Rucola, Petersilie und Stangensellerie bleiben bis zur Ernte im Beet. Decken Sie das Beet mit einem weißen Vlies ab, solange noch Pflanzen darauf wachsen. Das erleichtert die Ernte, wenn Schnee liegt, weil Sie einfach das Vlies mitsamt dem Schnee anheben können. Abgeerntete Flächen sollten Sie mit einer dunklen Folie oder einem Mulchvlies abdecken, damit keine Nährstoffe ausgewaschen werden. Ernten Sie das Beet bis Februar ab, damit Sie in die neue Saison starten können.

Gießen heißt die Devise im Sommer, vor allem bei durstigen Gemüsen wie Salat.

GEMÜSE IM HOCHBEET

Reiche Ernte garantiert

Mit einer raffinierten Anbauplanung können Sie sich fast das ganze Jahr über selbst mit frischem Gemüse aus dem eigenen Garten versorgen. Das macht Spaß, und obendrein können Sie ganz sicher sein, dass keine giftigen Pflanzenschutzmittel eingesetzt wurden.

AM BESTEN wählen Sie, wenn Sie mit dem Gärtnern im Hochbeet beginnen, vor allem leicht zu kultivierende Gemüse wie Radieschen, Salat, Basilikum, Tomaten, Zucchini und Kürbis. Auch Erbsen und Bohnen wachsen fast ganz von allein. Selbst kompliziertere Arten wie Petersilie, Sellerie oder Lauch gedeihen im Hochbeet ohne Mühe.

Sortenwahl

Pflanzen oder säen Sie nicht einfach irgendeinen Kopfsalat oder Kohl, sondern achten Sie auf die Sorte. Gerade bei Salat, Kohl, Sellerie und Möhren gibt es Sorten, die für den Anbau zu verschiedenen Jahreszeiten gezüchtet wurden. Mit solchen unterschiedlichen Sorten können Sie viele Gemüse das ganze Jahr anbauen. So vertragen »frühe« Salatsorten mehr Kälte, Sommersorten macht die Hitze im August nichts aus, und sie blühen auch nicht vorzeitig. Diese vorzeitige Blütenbildung nennt man »Schießen« oder »Schossen». Besonders Salat, Spinat, Kohl und Mangold neigen bei einem Wechsel von feuchten und trockenen Perioden, großer Hitze oder zu spätem Auspflanzen vorgezogener Jungpflanzen dazu.

Ganz wichtig: Kaufen Sie nur hochwertiges Saatgut von namhaften Anbietern (→ Seite 138, Adressen). Nur dann können Sie sicher sein, dass es sortenecht ist und ausreichend keimfähig.

Aussaat oder Pflanzen?

Viele Gemüse können direkt ins Beet gesät werden. Bei manchen Arten wie Tomaten reicht unser kurzer Sommer aber nicht aus, um der Pflanze genug Zeit zum Wachsen, Blühen und Fruchten zu geben. Dieses Manko umgeht man mit einem einfachen Trick: Man zieht empfindliche Gemüse einfach auf der Fensterbank, im Gewächshaus oder Frühbeet vor. Vorgezogene Jungpflanzen haben einen Wachstumsvorsprung von vier bis acht Wochen gegenüber direkt gesäten. Im Hochbeet selbst sät man dann nur Arten wie Möhren oder Radieschen, die nicht vorgezogen werden können. Alle anderen kommen als Jungpflanze ins Beet, um die wertvolle Kulturfläche im Hochbeet optimal auszunutzen.

Noch ein Tipp: Unterteilen Sie Ihr Hochbeet mit Schnüren oder Leisten in kleine Parzellen von etwa 40 × 40 cm. Dies verhindert, dass Sie zu viel säen oder zu dicht pflanzen, ein Fehler, den man am Anfang häufig begeht. Pflanzen Sie in die Parzellen unterschiedliche Gemüse, dann ergibt sich fast von alleine eine gute Mischkultur (→ Seite 81).

Aller Anfang ist klein

Beginnen Sie mit einem kleinen Hochbeet – schon allein wegen der benötigten Menge an Kompost oder Pflanzsubstrat. Sie werden überrascht sein, wie viel Salat, Tomaten, Kräuter und andere Gemüse Sie in einem Hochbeet mit einer Fläche von nur 2 m^2 ernten können. Wenn sich dann im nächsten Jahr genug neues Kompost-Material angesammelt hat, können Sie ein weiteres Hochbeet anlegen.

Vielfalt auf kleinstem Raum: Kombiniert man Gemüse mit verschiedenen Wuchsformen und pflanzt oder sät sie nicht zu dicht, können sich alle gut entwickeln.

FRUCHTFOLGE & MISCHKULTUR
Vielfalt im Beet, Vielfalt in der Küche

Je mehr unterschiedliche Gemüse Sie in ihrem Hochbeet anbauen, desto weniger Probleme bereiten Schädlinge und Krankheiten. Wechseln Sie also öfter die Arten und Sorten, dann ist im Beet und in der Küche für Abwechslung gesorgt.

Salat, Kohlrabi, Frühlingszwiebeln und Kräuter – je bunter die Mischung, desto gesünder die Pflanzen.

DIE ANBAUPLANUNG erscheint auf den ersten Blick ganz schön kompliziert. Da soll man Fruchtfolgen beachten, bestimmte Gemüse nicht neben anderen anbauen und nach einer Saison eine »Anbaupause« einlegen. Im Hochbeet sind Sie jedoch unabhängiger von Faktoren, die das Wachstum beeinflussen – etwa dem Boden–, denn Sie gärtnern ja in einem Pflanzsubstrat oder Kompost-Erde-Gemisch. Trotzdem ist es sinnvoll, wenn man auch im Hochbeet ein paar Grundregeln der Fruchtfolge und der Mischkultur berücksichtigt. Sie brauchen sich aber nicht sklavisch an alle Vorgaben zu halten. Solange man keine groben Fehler macht, gedeihen die Pflanzen fast immer gut.

Fruchtfolge
Als Fruchtfolge oder Fruchtwechsel bezeichnet man den jährlichen Anbauwechsel von verschiedenen Gemüsearten. Der Grund dafür ist, dass Gemüse aus derselben Pflanzenfamilie nur in einem Abstand von drei bis vier Jahren auf derselben Fläche in derselben Erde wachsen sollten. So verhindern Sie, dass sich Krankheitserreger wie Pilze oder Nematoden (Wurzelälchen) im Boden immer stärker ausbreiten. Vor allem Kreuzblütler, zu denen alle Kohl-Arten gehören, aber auch Rucola, Gartenkresse, Kohlrabi und Rettiche, sind anfällig für die Kohlhernie. Das ist eine Wurzelkrankheit, deren Erreger etliche Jahre im Boden überdauern.

Praxistipp

Gegen das leidige Problem einer Ernteschwemme, wenn alle Gemüse einer Art oder Sorte gleichzeitig erntereif werden, gibt es ein einfaches Mittel: Den zeitlich gestaffelten Anbau in Sätzen. Dabei werden im Abstand von zwei bis vier Wochen immer nur kleine Mengen von Möhren, Salat, Frühlingszwiebeln, Bohnen oder Erbsen sowie Kräuter wie Kerbel, Dill oder Rucola ausgesät. So wird immer nur eine kleine Menge erntereif, die Sie bis zur Ernte des nächsten Satzes leicht verbrauchen können.

Wenn Sie erst vier Jahre später wieder Kohl auf der Beetfläche anbauen, sinkt das Infektionsrisiko.
Ein zweiter Aspekt, der bei der Fruchtfolge berücksichtigt wird, ist der Nährstoffbedarf. Gemüse und Kräuter werden in Stark-, Mittel und Schwachzehrer eingeteilt, je nachdem, wie viele Nährstoffe sie benötigen. In einem klassischen Hochbeet mit Kompost-Schichtung ist das Nährstoffangebot hoch – ideal für Starkzehrer. Im zweiten Jahr folgen dann Mittel- und im nächsten Jahr Schwachzehrer. Und so könnte eine Fruchtfolge aussehen:

* 1. Jahr Starkzehrer wie Tomaten, Knollensellerie, Kohl und Zucchini.
* 2. Jahr Mittelzehrer wie Mangold, Möhren, Rote Bete und Salate sowie Spinat.
* 3. Jahr Schwachzehrer wie Erbsen, Bohnen, Kräuter, Zwiebeln und Lauch.

Sie können aber trotzdem im Hochbeet auch im ersten Jahr schon Mittel- und Schwachzehrer anbauen. Sie wachsen dann zwar etwas üppiger, und es kann sein, dass ein Teil der Nährstoffe ungenutzt bleibt, aber der Anbau funktioniert trotzdem.

Mischkultur

Eine andere Strategie, um eine möglichst große Vielfalt ins Beet zu bekommen, ist die Mischkultur. Auch hierbei wird der Nährstoffbedarf der unterschiedlichen Gemüse berücksichtigt, so pflanzt man Starkzehrer zwischen Schwachzehrer, aber auch Flachwurzler wie Zwiebeln neben Tiefwurzler wie Mangold, damit alle Nährstoffe optimal ausgenutzt werden. Ein weiterer Vorteil ist, dass durch die dichte Bepflanzung keine Lücken im Beet bleiben, in denen Unkraut wachsen kann. In gemischten Beeten können sich zudem Krankheitserreger und Schädlinge nicht so schnell ausbreiten wie in Beeten mit Monokultur. Ganz raffiniert wird es, wenn man berücksichtigt, dass viele Pflanzen Substanzen in den Boden oder die Luft abgeben, die dazu führen, dass sie sich gegenseitig im Wachstum fördern – oder auch hemmen. So vermischen sich bei der Kombination von Zwiebeln mit Möhren die Ausdünstungen der beiden derart, dass ihre Hauptschädlinge, die Möhren- und die Zwiebelfliege, so verwirrt werden, dass sie keine Eier an den Pflanzen ablegen. Eine Übersicht über bewährte Kombinationen finden Sie auf Seite 136/137.

* Gute Nachbarn sind beispielsweise Möhren und Zwiebeln; Kohl und Sellerie; Kohl und Ringelblumen sowie Petersilie und Tagetes.
* Ungünstige Nachbarn sind Bohnen und Erbsen; Bohnen und Zwiebeln/Lauch; Gurken und Tomaten; Kohl und Zwiebeln; Salat und Petersilie sowie Salat und Sellerie.

Kohl und Ringelblumen sind ideale Partner in der Mischkultur und fördern sich im Wachstum.

EIN SALAT-HOCHBEET

Gemüse für knackige Salate

Mit diesem Hochbeet können Sie sich und Ihre Familie vom Frühjahr bis in den Herbst mit frischen Salaten, Blattgemüse und Salatkräutern versorgen. Aromatische Tomaten dürfen natürlich auch nicht fehlen – sie gehören einfach in jeden Salat.

März - April

FRÜHLING: *Ab März beginnt die Saison mit kälteunempfindlichen Schnittsalaten, Spinat und Rucola. Schützen Sie die Aussaaten und Jungpflanzen mit einer Abdeckung aus Vlies vor Kälte und Frost.*

FÜR SALATLIEBHABER bietet dieses etwa 1 × 1,5 m große Hochbeet von März bis zum ersten Frost frische Salate, Blattgemüse und natürlich Tomaten. Die Menge reicht für ein bis zwei Personen. Säen Sie im Frühjahr schnellwachsende Salate wie Schnittsalat und Rucola aus, dazu kommen vorgezogene Pflücksalat-Jungpflanzen, die Sie schon vier bis sechs Wochen nach der Pflanzung ernten können. Die Sorten 'Bijella' und 'Hardy' wachsen besonders rasch. Sie müssen zudem nicht warten, bis sie ihre volle Größe erreicht haben: Die ersten äußeren Blätter können Sie schon vorher abernten. Auch beim Spinat geht es schneller, wenn Sie Jungpflanzen setzen. Wählen Sie Sorten, die sich für den Anbau im Frühjahr eignen, wie 'Red Cardinal', der mit seinen roten Blattstielen und Adern zudem Farbe in die Salatschüssel bringt. Die Sorte 'Butterfly' wächst besonders schnell. Radieschen sind schon vier bis sechs Wochen nach der Aussaat erntereif. Bauen Sie Sortenmischungen mit gelben, roten, weißen und violetten, runden und länglichen Rübchen an. Im Sommer folgen Kopfsalate, Basilikum, Tomaten, Radicchio und Mangold. Bis auf Basilikum, Rucola und Kopfsalat bleiben alle bis Saisonende im Beet. Die Kopfsalate ersetzt man im Herbst durch Zichoriensalate.

Mai – Juni – Juli

SOMMER: *Weil Spinat im Sommer blüht, ersetzt man ihn durch Kopf- oder Romanasalat. Ab Mitte/Ende Mai kommen die Tomaten in die Mitte des Beets. Sie werden von Basilikum und einem zweiten Satz Rucola begleitet, der schon nach sechs Wochen erntefertig ist. In die letzte Reihe kommen Mangold und Radicchio.*

August – September – Oktober

HERBST: *Ab August ersetzen Sie die Kopfsalate durch Zichoriensalate, zum Beispiel Endivie. Sie liefern reiche Ernte bis zum Frost. Die Tomaten bleiben bis Oktober stehen. Mangold und Radicchio können Sie ab Herbst laufend beernten.*

EIN VORRATS-HOCHBEET

Gemüse zum Einmachen und Lagern

Die Gemüse in diesem Beet eignen sich alle zum Lagern, Einmachen oder Einfrieren. Natürlich können Sie auch einen Teil nach der Ernte frisch verwerten. Den ersten Satz Buschbohnen können Sie tiefgekühlt, die Samen des zweiten Satzes getrocknet aufbewahren.

März - April

Steckzwiebeln

Buschbohnen, 1. Satz

mittelfrühe Möhren

frühe Möhren

FRÜHLING: *Im Vorrats-Hochbeet beginnt die Saison mit Steckzwiebeln und Möhren. Buschbohnen werden ab April gesät.*

WER IM WINTER nicht auf Gemüse aus dem eigenen Garten verzichten möchte, kultiviert Arten, die sich gut zur Vorratshaltung eignen. Ein 1 × 1,5 m großes Hochbeet reicht für eine Person. Mitte/Ende März werden zwei Reihen Steckzwiebeln gesteckt – wer auch Schalotten möchte, wartet mit diesen bis Anfang/Mitte April. Daneben kommen zwei Reihen Buschbohnen ins Beet. Dieser erste Satz kann nach der Ernte blanchiert und eingefroren werden. Zum Schluss kommen zwei Reihen Möhren, eine mit einer frühen Sorte wie 'Pariser Markt', eine mit mittelfrühen wie 'Nantaise 2/Milan'. Die frühen werden geschält, blanchiert und eingefroren, die mittelfrühen Möhren lassen sich auch in einer Kiste mit feuchtem Sand im kühlen Keller oder der Garage ein paar Wochen lagern. Nach der Ernte der Buschbohnen im Juni/Juli wird ein zweiter Satz gesät, dessen Samen als Trockenbohnen aufbewahrt werden. An die Stelle der frühen Möhren kommen Winterkohl-Arten wie Grünkohl oder Wirsing 'Winterfürst 2'. Mit ein paar Reihen Radieschen zwischen den Kohl-Jungpflanzen nutzt man den Platz, bis der Kohl größer wird. Sie lassen sich zwar nicht lagern, sind aber ein idealer Snack für zwischendurch. Ab Oktober/November wird der Kohl geerntet und eingelagert.

Mai – Juni – Juli

SOMMER: *Die Zwiebeln wachsen noch, bei den Bohnen sät man nach dem Abernten des ersten Satzes einen zweiten. Die mittelfrühen Möhren bleiben noch bis Juli im Beet, die frühen Möhren werden geerntet. An ihre Stelle setzt man Kohl-Jungpflanzen. Zwischen die Kohl-Pflänzchen sät man Radieschen als Lückenfüller.*

August – September – Oktober

HERBST: *Sobald das Laub der Zwiebeln gelb wird, kann man sie zum Lagern ernten. Auch die Buschbohnen bleiben zum Ausreifen an der Pflanze, damit die Samen schön dick werden. Der Kohl wird bei Bedarf geerntet.*

EIN EINTOPF-HOCHBEET

Gemüse für Suppen und Eintöpfe

Wer auf leckere Suppen und kräftige Eintöpfe steht, der ist mit diesem Hochbeet bestens versorgt. Wenn Sie nicht alle Gemüse auf einmal verbrauchen können, frieren Sie den Überschuss einfach ein und brauchen ihn nach Bedarf auf.

März - April - Mai

FRÜHLING: *Die Saison beginnt mit vorgezogenen Erbsen. Möhren, Dill und Lauchzwiebeln sät man direkt ins Beet.*

SUPPEN- UND EINTOPFGEMÜSE für ein bis zwei Personen findet in diesem Hochbeet mit einer Fläche von 1 × 1,5 m Platz. Pflanzen Sie im März vorgezogene Erbsen. Dazu kommen eine Reihe Möhren einer frühen Sorte und eine Reihe mit einer Sorte mittelfrüher Möhren. Wenn Sie zwischen die Möhrensamen ein paar Dillsamen streuen, keimen die Möhren besser, und Sie haben später zum Würzen aromatische Dillspitzen. Statt der mittelfrühen Möhren können Sie auch Pastinaken oder Wurzelpetersilie säen, deren süßliches Aroma Suppen und Eintöpfen eine ganz besondere Note gibt. Ein oder zwei Reihen Lauchzwiebeln runden das Frühlingsbeet ab. Nachdem die Erbsen abgeerntet sind, schneidet man die Triebe ab, die Wurzeln mit den Knöllchenbakterien (→ Seite 98) bleiben im Boden. Sie fördern das Wachstum der Zucchini- oder Kürbis-Jungpflanzen. Ein paar Buschbohnen dazwischen liefern knackige Schnippelbohnen für den Eintopf. Nach dem Ernten der frühen Möhren kommen noch einmal ein paar Bohnen ins Beet – am besten vorgezogene Jungpflanzen. Die Stelle der Lauchzwiebeln nehmen nun Brokkoli-Jungpflanzen ein. Wenn diese größer werden, ernten Sie die letzten Lauchzwiebeln ab, um für den Brokkoli Platz zu schaffen.

Juni – Juli

Zucchini oder Kürbis + Buschbohnen

frühe Möhren

mittelfrühe Möhren

Brokkoli + Lauchzwiebeln

SOMMER: *Wenn die Erbsen abgeerntet sind, kommen an ihre Stelle Zucchini- oder Kürbis-Jungpflanzen. An den Platz der frühen Möhren kommen später ein paar Buschbohnen. Abgeerntete Frühlingszwiebeln ersetzt man durch Brokkoli.*

August – September – Oktober

Zucchini oder Kürbis

Buschbohnen

Brokkoli

HERBST: *Zucchini oder Kürbis, aber auch Brokkoli nehmen im Lauf des Sommers stattliche Ausmaße an. Ernten Sie noch vorhandene Möhren und Buschbohnen nach und nach ab, bevor sie von Zucchini, Kürbis und Brokkoli bedrängt werden.*

Salat

Lactuca, Cichorium ☼ ◑

Saattiefe: 1 cm | Pflanzabstand: 30 × 25 cm

Nährstoffbedarf: mittel
Pflanzsubstrat: Pflanzerde oder Kompost-Erde
Aussaat: Vorkultur ab Februar, Direktsaat ab Ende März/Anfang April
Pflanzung: ab Mitte/Ende März unter Vlies
Kulturdauer: ab Aussaat zwölf bis 20 Wochen, ab Pflanzung sechs bis neun Wochen
Beetpartner: fast alle Gemüse bis auf Petersilie und Sellerie

Salate lassen sich in zwei Gruppen einteilen: Kopf-, Pflück- und Schnittsalate aus der Gattung der Lattiche und Endivie, Radicchio, Zuckerhut und Chicorée aus der Gattung der Zichorien.

* Kopfsalat hat weiche, aromatische Blätter und bildet lockere Köpfe. Es gibt grün- und rotblättrige Sorten. Moderne Sorten für den biologischen Anbau sind tolerant gegen Mehltau und haben trotzdem ein feines, nussiges Aroma, ohne ledrig und fest zu sein wie viele Sorten für den industriellen Anbau. Romanasalate sind Sommersalate, da sie bei langen Tagen nicht blühen und schöne Köpfe bilden. Batavia- und Eissalate haben knackige Blätter und feste Köpfe und werden wie Romana im Sommer für die Ernte im Herbst angebaut.
* Pflücksalate wie rot- oder grünblättrige Eichblatt-, Lollo- und Schnabelsalate – das sind spezielle Pflücksalat-Sorten mit spitz zulaufenden Blättern – können nach und nach von außen abgeerntet werden oder als ganzer lockerer Kopf. Sie sind meist etwas knackiger im Biss als Kopfsalat.
* Schnittsalat gehört zum ersten frischen Gemüse, das Sie im Garten ernten können und dank der kälteunempfindlichen Sorten gibt es bis zum Frost frischen Salat direkt aus dem Hochbeet. Bei Kopf-, Pflück- und Schnittsalat gibt es Sorten für den zeitigen Anbau im Frühjahr, Sorten für den Sommeranbau und solche, die für die zweite Jahreshälfte im Herbst am besten geeignet sind. Sie sind an die unterschiedlich langen Tage und an kühlere bzw. wärmere Temperaturen angepasst. Werden sie zur »falschen« Jahreszeit gesät oder gepflanzt, kann es sein, dass sie vorzeitig blühen, also »schießen« oder »schossen«. Schnittsalat wächst schnell und kann schon wenige Wochen nach der Aussaat geerntet werden. Ein erneuter Schnitt lohnt sich kaum, da in derselben Zeit schon der nächste Satz heranwachsen kann. Er liefert zartere Blätter als ein zweiter Schnitt.
* Endivien und Radicchio sind Zichoriensalate für den Anbau im Herbst. Sie enthalten mehr Bitterstoffe und haben dadurch einen ganz eigenen, typischen Geschmack.

Bunte Schnitt- und Pflücksalate

Anbau/Pflege: Schnittsalat kann man ab März direkt ins Hochbeet säen. Zum Schutz vor kalten Nächten sollten Sie ihn unbedingt mit Vlies abdecken. Kopf- und Pflücksalate sowie Romana und Batavia zieht man am besten vor und setzt dann die Jungpflanzen direkt ins Beet. Salat muss »hoch« gepflanzt werden, sodass die Blätter luftig stehen. Der Grund: Zu tief gesetzter Salat bildet keine richtigen Köpfe aus. Der Pflanzabstand ist abhängig von der Sorte und vom Anbauzeitraum: Frühe Sorten haben kleinere Köpfe und können dichter stehen als späte Sorten. Zichorien werden erst ab

Schnitt-Endivie 'Endivette'

Romanasalat 'Little Gem'

Juni gepflanzt. Sie wachsen langsam, brauchen dafür aber wenig Pflege. Generell gilt: Austrocknen sollten Salat nie.

Schädlinge und Krankheiten: Blattläuse, Wurzelläuse, bei Nässe Fäulnis, Drahtwürmer, Falscher Mehltau, Blattflecken durch Pilzkrankheiten.

Ernte und Verwendung: Ernten Sie Salat am besten vormittags, dann sind die Blätter noch kühl und bleiben länger frisch. Am besten gleich verbrauchen, im Kühlschrank ist er nur wenige Tage haltbar. Radicchio und Chicorée kann auch gedünstet wie Gemüse verwendet werden.

Salate für das ganze Jahr

SALAT-ART/TYP	GUTE SORTEN
Schnittsalat	'Red Salad Bowd', 'Green Salad Bowl', Lollo-Salate, Winter-Lattughino, Misticanza-Mischungen mit Salaten und Zichorien, Salatmischung 'Bunte Salatplatte'
Kopfsalat	früh: 'Maikönig', 'Briweri', 'Larissa'; mittel: 'Rolando', 'Skipper', 'Wunder von Stuttgart'; spät: 'Neckarriesen', 'Zulu'
Pflücksalat	'Bijella' (früh und spät); 'Lollo Rosso', 'Lollo Bionda', 'Red Salad Bowl', 'Till', 'Cerbiatta', 'Pasha' (alle früh bis spät)
Romanasalat	'Brun d'hiver ', 'Little Gem', 'Ovired', 'Valmaine', 'Xanadu'
Batavia und Eissalat	'Amerikanischer brauner', 'Kamalia', 'Saladin', 'Tarengo'
Endivie und Radicchio (Zichoriensalate)	Endivie: 'Diva', 'grüner Escariol', 'Endivette', 'Wallone' (Frisée); Radicchio: 'Grumolo Verde', 'Palla Rossa', 'Variegata die Castelfranco'; Zuckerhut: 'Uranus', 'Jupiter F1'

Asia-Salate

Brassica juncea, B. rapa subsp.

Saattiefe: 1–2 cm | Reihenabstand: 15–20 cm

Anbau/Pflege: Aussaat von April bis September alle zwei bis drei Wochen in Sätzen, direkt ins Beet. Schon nach einer Woche erscheinen die Keimlinge, nach weiteren drei bis sieben Wochen kann geerntet werden. Nicht austrocknen lassen, sonst werden die Blätter unangenehm scharf. Wegen der kurzen Wachstumszeit keine Düngung notwendig.
Schädlinge und Krankheiten: Kohlweißlinge, Erdflöhe, Schnecken
Gute Sorten: 'Green in Snow', 'Misome', Mizuna', 'Pak-Choi', 'Red Giant', 'Komatsuna'
Ernte und Verwendung: Junge Blätter oder die ganze Pflanze. Der scharf-würzige Geschmack peppt Salate auf. Asia-Salate können auch gedünstet oder angebraten werden.

Feldsalat

Valerianella locusta

Saattiefe: 1–2 cm | Reihenabstand: 10–15 cm

Anbau/Pflege: Auch Ackersalat, Rapunzelsalat und Vogerlsalat genannt. Aussaat ab September/Oktober möglich, bei zu warmem Wetter keimen die Samen nicht. Wer schon im Herbst ernten möchte, kauft im Spätsommer vorgezogene Jungpflanzen, die in kleinen Tuffs ins Beet gesetzt werden. Im Winter mit Vlies abdecken, bei der Kultur im Frühbeet regelmäßig lüften.
Schädlinge und Krankheiten: Mehltau, Wurzelfäule, Drahtwürmer
Gute Sorten: 'Elan', 'Verte de Cambrai', 'Vit'
Ernte und Verwendung: Die ganzen Rosetten mit einem scharfen Messer am Wurzelansatz abschneiden, sonst fallen die Rosetten auseinander. Anschließend die äußeren, gelben Blätter entfernen und vor dem Verzehr sehr gründlich waschen. Für Salate – das nussige Aroma passt hervorragend zu Dressings mit Kürbiskernöl.

Winterpostelein

Montia perfoliata

Saattiefe: 1 cm | Reihenabstand: 15–20 cm

Anbau/Pflege: Dieses auch Tellerkraut genannte Salatkraut wird so wie Feldsalat angebaut. Da die Samen erst bei Temperaturen unter 12 °C keimen, sät man erst im September/Oktober aus. Die Pflanzen sind winterhart. Damit man leichter ernten kann, ist eine Abdeckung mit Vlies empfehlenswert. Tellerkraut ist ein Schwachzehrer und braucht keinen zusätzlichen Dünger.
Schädlinge und Krankheiten: keine
Gute Sorten: keine speziellen Sorten im Anbau
Ernte und Verwendung: Etwa sechs bis acht Wochen nach der Aussaat kann geerntet werden. Die Blätter werden mitsamt den Stielen, die nicht länger als 5 cm sein sollten, abgeschnitten. Wird zu tief geschnitten, geht die Pflanze ein, und eine mehrmalige Ernte ist nicht möglich. Die milden Blätter sind ideal für gemischte Salate.

Spinat & Mangold

Spinacea oleracea, Beta vulgaris

Saattiefe: 2–4 cm | Reihenabstand: 10–40 cm

Anbau/Pflege: Spinat wird ab Anfang März bis April mit einem Reihenabstand von 15–30 cm ausgesät und dann wieder im August und September. Sät man Spinat Sommer aus, blühen die Pflanzen vorzeitig. In dieser Zeit nimmt Mangold (Pflanzabstand 30 × 40 cm) seinen Platz ein, den man ab Ende März sät oder pflanzt. Beide Arten haben einen mittleren Nährstoffbedarf.
Schädlinge und Krankheiten: Mehltaupilze, Rübenminierfliege
Gute Sorten: Spinat: 'Red Cardinal' (früh), 'Butterfly', 'Matador' (früh und spät), 'Winterriesen' (spät); Mangold: 'Lukullus', 'Bright Lights'
Ernte und Verwendung: Blätter und Stiele frühmorgens schneiden, dann sind sie knackig und enthalten weniger Nitrat. Roh als Salat oder gedünstet.

Knollensellerie

Sellerie

Apium graveolens ☼ ◑

Saattiefe: 0,5 cm | Pflanzabstand: 40 × 40 cm

Nährstoffbedarf: hoch
Pflanzsubstrat: Pflanzerde oder Kompost-Erde
Aussaat: Vorkultur im März, Direktsaat ab Mai
Pflanzung: April bis Mai
Kulturdauer: fünf bis sechs Monate
Beetpartner: Buschbohnen, Brokkoli, Lauch, Tomaten

Beim Sellerie unterscheidet man drei Typen: Knollensellerie, bei dem die dicke weiße Wurzelknolle verzehrt wird, Stangensellerie, der knackige Blattstiele bildet, und Schnittsellerie, dessen Blätter zum Würzen verwendet werden.

Anbau/Pflege: Sellerie wird ab März in flache Schalen ausgsät, nach vier Wochen in kleine Töpfchen pikiert und ab Mitte/Ende April ins Hochbeet gepflanzt. Zu früh gepflanzt, neigt Sellerie dazu, zu »schießen«, also vorzeitig zu blühen. Alle drei Typen sind Starkzehrer und brauchen nährstoffreiche Kompost-Erde zum Wachsen. Knollen- und Stangensellerie im Juli und September mit einem kaliumreichen Gemüsedünger düngen. Tomatendünger ist auch geeignet. Vorsicht bei Billigdüngern oder »Bittersalz«: Diese enthalten zu viel Chlorid, das der Sellerie nicht verträgt. Der Wasserbedarf ist recht hoch, vor allem Knollensellerie darf nicht austrocknen, sonst bilden sich holzige und hohle Stellen in den Knollen.
Schädlinge und Krankheiten: Blattfleckenkrankheiten, Selleriefliege, Sellerieschorf
Gute Sorten: Knollensellerie: 'Bergers Weiße Kugel', 'Ortho', 'Monarch'; Stangensellerie: 'Tall Utah', Schnittsellerie: 'Gewöhnlicher Schnitt'
Ernte und Verwendung: Knollensellerie kann ab Juni für Suppen und als Gemüsebeilage geerntet werden. Wenn man die Knollen einlagern möchte, wartet man bis September/Oktober mit der Ernte. Stangensellerie ist ab Juli bis September erntereif. Sie können die äußeren Blätter bzw. Stiele laufend ernten und zum Würzen verwenden oder die ganze Pflanze anhäufeln (Erde anschütten). Alternativ binden Sie die Stiele locker zusammen und wickeln Pappe oder Zeitungspapier um Pflanze. Die mittleren Herzblätter sollten herausschauen, damit die Pflanze Fotosynthese betreiben kann.

Schnittsellerie

Gewürzfenchel

Knollenfenchel

Fenchel

Foeniculum vulgare ☼

Saattiefe: 1 cm | Pflanzabstand: 30 × 25 cm

Nährstoffbedarf: mittel
Pflanzsubstrat: Pflanzerde oder Kompost-Erde
Aussaat: Vorkultur März bis April, Direktsaat Mai bis Juni
Pflanzung: Mai bis Juni
Kulturdauer: drei bis fünf Monate
Beetpartner: Gurken, Erbsen, Salat, Endivie, Radicchio, Tomaten, Bohnen

Fenchel stammt aus dem Mittelmeerraum und liebt die Wärme. Für die ersten Anbausätze eignen sich daher nur spezielle, kältetolerantere Sorten.

Anbau/Pflege: Gemüse- oder Knollenfenchel wird ab März auf der Fensterbank oder im Gewächshaus in Schalen ausgesät und ab Mitte/Ende Mai ins Freie gepflanzt. Der Boden sollte nährstoffreich, aber nicht zu feucht sein. Sellerie darf nicht zu tief gepflanzt werden, sonst bleiben die Knollen klein. Sobald die Knollen beginnen, dicker zu werden, ist eine Düngung mit einem Gemüsedünger empfehlenswert. Der Boden sollte auch nicht austrocknen, denn das kann das »Schießen«, also die vorzeitige Blüte, fördern. Gewürzfenchel wird ab Mitte Mai ausgepflanzt. Da für den Hausgebrauch eine oder zwei Pflanzen reichen, kauft man besser die Jungpflanzen auf dem Markt zu. Gewürzfenchel samt sich leicht aus und bildet eine dicke Wurzel, aus der im nächsten Jahr neue Triebe, Blätter und Blüten erscheinen.

Schädlinge und Krankheiten: Mehltau, Schnecken, Wurzelälchen (Nematoden)

Gute Sorten: Knollen- oder Gemüsefenchel: 'Fino', 'Perfection' (Pflanzung im Frühling, Ernte im Sommer), 'Siro' (Pflanzung im Juli, Ernte im Herbst); Gewürzfenchel: keine speziellen Sorten im Handel, außer 'Rubrum' mit attraktivem bronzefarbenem Laub

Ernte und Verwendung: Drei bis vier Monate nach der Aussaat bzw. zwei bis drei Monate nach der Pflanzung kann man Gemüsefenchel ernten. Die Knollen schmecken gedünstet als Gemüsebeilage, in Aufläufen oder gegrillt besonders gut. Nicht zu lange erhitzen, sonst geht das Aroma verloren. Auch roh in Salaten oder in Streifen geschnitten zum Dippen ist Fenchel eine Köstlichkeit. Beim Gewürzfenchel nimmt man noch zarte, weiche junge Blätter als Ersatz für Dill. Die Samen werden getrocknet zum Würzen süßer und salziger Gerichte und als Tee verwendet. Eine exklusive Besonderheit ist der Blütenpollen, der ebenfalls als Gewürz dient.

Runde Möhre 'Rondo'

'Rodelika', 'Purple Haze', 'Mello Jello', 'Robila' und 'Parmex'

Möhre

Daucus carota ☼

Saattiefe: 1–2 cm | Reihenabstand: 25–30 cm

Nährstoffbedarf: mittel
Pflanzsubstrat: Pflanzerde oder Kompost-Erde
Aussaat: März bis Juni in Sätzen
Kulturdauer: zwei bis sechs Monate
Beetpartner: Dill, Erbsen, Lauch, Mangold, Zichoriensalate

Möhren gibt es in vielen Formen, klein und rund, kurz und dick, lang und dünn. Außer den bekannten orangeroten Varietäten gibt es auch solche mit weißen, gelben, roten oder violetten Rüben.

Anbau/Pflege: Bei Möhren beeinflusst der Anbauzeitraum bzw. Aussaattermin entscheidend die Sortenwahl. Es gibt frühe, Sommer- und späte Möhren. Möhren keimen sehr langsam, daher ist es ratsam, zwischen die Möhrensamen alle paar Zentimeter Radieschensamen zu streuen. Diese keimen schnell und »markieren« die Saatreihe. So hackt oder jätet man in den ersten Wochen nach der Aussaat nicht aus Versehen die Möhrenkeimlinge. Zur Förderung der Keimung können Sie auch ein paar Dillsamen unter das Möhrensaatgut mischen. Um einen Befall mit der Möhrenfliege zu verhindern, deren Larven in den Rüben Fraßgänge hinterlassen, deckt man Möhren ab Mitte Mai mit einem Kulturschutznetz ab. Stehen die Sämlinge zu dicht, werden sie vereinzelt, d. h., die schwächeren Keimlinge werden herausgezupft, wenn sie zwei Fiederblättchen zeigen. Da Möhrenfliegen meist erst am Nachmittag aktiv sind, sollte dies wie auch die Ernte am Vormittag geschehen, da ja das Netz angehoben werden muss. Frühsorten kann man schon zweieinhalb bis drei Monate nach der Aussaat ernten, Sommer- und Spätmöhren zum Lagern nach etwa fünf bis sieben Monaten. Möhren dürfen beim Wachsen nicht austrocknen, sonst platzen sie nach Regen oder nach dem Gießen.
Schädlinge und Krankheiten: Möhrenfliege, Möhrenschwärze (Pilzkrankheit)
Gute Sorten: Frühsorten: 'Amsterdamer', 'Pariser Markt', mittelfrüh: 'Nantaise 2/Milan', spät: 'Purple Haze', 'Milan'. 'Flyaway' und 'Ingot' sind widerstandsfähig gegen Möhrenfliege.
Ernte und Verwendung: Zum Frischverzehr schon vor der eigentlichen Reife ernten, Lagermöhren bleiben auf dem Beet, bis sich die Blattspitzen verfärben. Im Kühlschrank halten sich Möhren etwa zwei Wochen, man sollte aber unbedingt das Laub abdrehen.

Pastinake

Pastinaca sativa ☼

Saattiefe: 2–3 cm | Reihenabstand: 40 cm

Anbau/Pflege: Pastinaken werden wie Möhren ab Anfang März bis April ausgesät und nach dem Keimen auf einen Abstand von 10 cm vereinzelt. Nicht austrocknen lassen, damit sich schöne, gleichmäßige Rüben bilden. Die Kultur unterscheidet sich nicht wesentlich von der von Möhren. Auch bei Pastinaken ist ein Kulturschutznetz gegen die Möhrenfliege empfehlenswert.
Schädlinge und Krankheiten: Möhrenfliege
Gute Sorten: 'Halblange Weiße', 'Aromata', 'White Gem', 'White King'
Ernte und Verwendung: Ab Juni können die ersten zarten Rüben geerntet werden, je länger man sie im Beet lässt, desto größer werden sie. Pastinaken vertragen Frost und können bis zum Winter im Hochbeet bleiben. Eine Vliesabdeckung erleichtert das Ernten, wenn Schnee liegt.

Wurzelpetersilie

Petroselinum crispum subsp. *tuberosum* ☼

Saattiefe: 2–3 cm | Reihenabstand: 30 cm

Anbau/Pflege: Aussaat wie Möhren ab März/April, dann auf etwa 5 cm vereinzeln. Die Wurzeln bleiben kleiner als die der Pastinake, und sie sind schlanker. Gegen Möhrenfliege ist ein Kulturschutznetz empfehlenswert.
Schädlinge und Krankheiten: Möhrenfliege, Blattflecken
Gute Sorten: 'Halblange', 'Lange Oberlaaer'
Ernte und Verwendung: Ab Juli bis Dezember ernten, dazu die Rüben mit einer Blumengabel lockern. Ideal zum Würzen von Suppen und Soßen. Werfen Sie das obere Ende mit dem Blattschopf nach dem Putzen nicht weg: In eine Wasserschale an der Fensterbank gelegt, zeigen sich nach ein paar Tagen zarte grüne Petersilienblätter, die Sie ebenfalls zum Würzen verwenden können.

Radieschen

Raphanus sativus var. *sativus* ☼ ◑

Saattiefe: 1,5–2 cm | Reihenabstand: 10–20 cm

Anbau/Pflege: Aussaat ab März alle zwei bis drei Wochen bis Mitte September. Zu dicht stehende Keimlinge auszupfen, die kräftigsten bleiben im Abstand von 5–6 cm stehen. Nicht austrocknen lassen, sonst werden sie holzig – vor allem im Sommer geschieht dies rasch. Da sie rasch wachsen, brauchen Radieschen nährstoffreiche Böden.
Schädlinge und Krankheiten: Kohlfliege
Gute Sorten: Für Frühling und Herbst: 'Eiszapfen', 'Marike', 'Bunte Mischung'; im Sommer: 'Cherry Belle', 'Parat', 'Rudi', 'Sora'
Ernte und Verwendung: Wenn Radieschen reif sind, sollten sie schnell geerntet und rasch verzehrt werden. Die zarten Blätter aus der Mitte kann man wie Asia-Salat (→ Seite 90) verwenden.

Rettich

Raphanus sativus var. *niger* ☼

Saattiefe: 2–3 cm | Reihenabstand: 25 cm

Anbau/Pflege: Aussaat ab März bis Juni, Boden nährstoffreich. Nicht austrocknen lassen, bei häufigem Wechsel von feuchter und trockener Erde werden die Rettiche hohl, pelzig und vor allem unangenehm scharf. Da Rettiche keinen halbverrotteten Kompost vertragen, im Kompost-Hochbeet erst im zweiten Jahr anbauen. Beim Anbauzeitraum auf die Sortenwahl achten!
Schädlinge und Krankheiten: Kohlfliege, Rettichschwärze (Pilzkrankheit)
Gute Sorten: früher Anbau: 'Ostergruß'; Sommerrettich: 'Minowase Summer Cross' F1; Winterrettich: 'Runder Schwarzer Winter'
Ernte und Verwendung: Früh- und Sommerrettiche ernten, wenn sie reif sind. Bleiben sie länger im Beet, werden sie hart und scharf. Winterrettiche können bis zum ersten Frost im Beet bleiben und werden bei Bedarf geerntet.

Kohlrabi

Brassica oleracea convar. *caulorapa* var. *gongyloides*

Saattiefe: 1 cm | Pflanzabstand: 25 × 25 cm

Anbau/Pflege: Aussaat in Schalen auf der Fensterbank ab Februar oder Pflanzung vorgezogener Jungpflanzen ab März. Nur so tief setzen, dass der Wurzelansatz gerade mit Erde bedeckt ist. Nicht austrocknen lassen, sonst wird Kohlrabi holzig. Ein Wechsel von trockenem zu feuchtem Boden lässt die Knollen platzen. Nach der Pflanzung Flüssigdünger oder rasch wirkenden Dünger geben.
Schädlinge und Krankheiten: Schnecken, Kohlweißlingsraupen
Gute Sorten: weiß: 'Lanro', Noriko': blau: 'Azurstar', 'Blaro', 'Blauer Speck'
Ernte und Verwendung: Die Knollen sind am zartesten, wenn sie ihre volle Größe noch nicht ganz erreicht haben. Auch die kleinen Herzblätter können verzehrt werden.

Rote Bete

Beta vulgaris var. *vulgaris*

Saattiefe: 2–3 cm | Reihenabstand: 25–35 cm

Anbau/Pflege: Aussaat ab Ende April bis Ende Juli. Aus jedem Samenkorn erscheinen drei bis vier Pflänzchen, die zusammenbleiben können. Bis Mitte Mai mit Vlies abdecken, da die Keimlinge etwas kälteempfindlich sind. Die Knollen drücken sich gegenseitig auseinander. Nicht austrocknen lassen.
Schädlinge und Krankheiten: Blattflecken, Mehltau
Gute Sorten: 'Robuschka' (rot, rund), 'Tondo di Chioggia' (rund, rot-weiß geringelt), 'Forono' (rot, länglich), 'Burpees Golden' (rund, gelb mit orangefarbener Schale)
Ernte und Verwendung: Ein bis vier Monate nach der Aussaat kann geerntet werden. Die Knollen schmecken roh im Salat, als Saft, gebraten oder gedünstet als Gemüsebeilage.

Zuckerschoten

Markerbsen

Erbse

Pisum sativum ☼

Saattiefe: 3–5 cm | Reihenabstand: 30–40 cm

Nährstoffbedarf: niedrig
Pflanzsubstrat: Pflanzerde oder Kompost-Erde
Aussaat: Vorkultur ab März, Direktsaat ab April bis Juni in Sätzen
Pflanzung: ab April
Kulturdauer: drei bis vier Monate
Beetpartner: Kohlrabi, Salat, Rettich, Radieschen, Fenchel, Möhre, Pastinake, Wurzelpetersilie

Bei Erbsen können Sie zwischen zarten Zuckerschoten, bei denen man die Hülsen mitessen kann, süßen Markerbsen oder Pal- bzw. Trockenerbsen zum Lagern wählen.

Anbau/Pflege: Erbsen können ab März in Töpfen auf der Fensterbank vorgezogen werden oder ab April bis Juni alle drei Wochen in Sätzen direkt im Beet. Ab Juli lohnt der Anbau nicht mehr, da die Pflanzen dann wegen der langen Tage nicht mehr so üppig blühen. Legen Sie immer drei bis fünf Erbsen im Abstand von 15 cm in ein Loch, oder legen Sie die Erbsen einzeln im Abstand von 5 cm in die Saatrille. Anschließend stecken Sie Reisigzweige oder eine Kletterhilfe (→ Seite 48) zwischen die Reihen, an denen sich die Pflanzen emporranken können. Erbsen nehmen wie Bohnen mithilfe spezieller Knöllchenbakterien in den Wurzeln Stickstoff aus der Luft auf und brauchen nur wenig Dünger. Zusätzliche Stickstoffgaben können die Reife verzögern und fördern eher das Blattwachstum als den Blüten- und Fruchtansatz. Da die Wurzeln mit den stickstoffhaltigen Knöllchen im Boden bleiben, sind Erbsen eine ideale Vorkultur für späte Gemüse wie Brokkoli und Herbstsalate.
Schädlinge und Krankheiten: Blattläuse, Erbsenwickler, Mehltau
Gute Sorten: Zuckerschoten: ‘Ambrosia’, ‘Norli’, Weggiser’; Markerbsen: ‘Primaso’, ‘Blauschokker’; Palerbsen: ‘Kleine Rheinländerin’, ‘Proval’
Ernte und Verwendung: Zuckerschoten sind am zartesten, wenn sie 5–8 cm lang sind. Alle paar Tage durchpflücken, damit laufen neue Schoten angesetzt werden. Markerbsen schmecken süß und aromatisch, wenn Sie sie ernten, sobald sich die Samen deutlich in der Schote abzeichnen, die Hülsen aber noch knackig und grün sind. Palerbsen, auch Schalerbsen genannt, werden nach der Ernte geschält und zum Lagern getrocknet. Sie sollten vor dem Ernten noch nicht zu hart sein, sonst schmecken sie schal und mehlig.

Buschbohne

Phaseolus vulgaris

Saattiefe: 2–3 cm | Reihenabstand: 40 cm

Nährstoffbedarf: niedrig
Pflanzsubstrat: Pflanzerde oder Kompost-Erde
Aussaat: Vorkultur ab April, Direktsaat ab Mai bis Juli in Sätzen
Pflanzung: ab Mai
Kulturdauer: drei bis vier Monate
Beetpartner: Salat, Erdbeere, Kohl, Mangold, Radieschen, Rote Bete, Tomate

Im Gegensatz zu Stangen- und Feuerbohnen wachsen Buschbohnen niedriger und sind ideal fürs Hochbeet. Sie benötigen auch nicht so viel Wärme wie ihre schlingenden Verwandten.

Anbau/Pflege: Säen Sie die Bohnensamen ab April zu dritt oder fünft in kleinen Töpfen auf der Fensterbank aus, um die Tuffs ab Mitte Mai im Abstand von 20–30 cm direkt ins Beet setzen zu können. Eine Direktsaat ist ab Mitte Mai bis Juli möglich. Zwischen die Reihen gesteckte Reisigzweige oder Kletterstäbe sind als Stütze für die Triebe hilfreich. Auch ein Anhäufeln von Kompost um die Triebbasis erhöht die Standfestigkeit. Wie bei Erbsen nach der Ernte abschneiden und die Wurzeln mit den stickstoffhaltigen Knöllchen für die Folgekultur im Boden belassen.

Buschbohne 'Blauhilde'

Die Gittereinfassung dient auch als Stütze.

Schädlinge und Krankheiten: Schwarze Bohnenblattlaus, Bohnenfliege, Fettfleckenkrankheit
Gute Sorten: 'Fructidor' (gelbe Hülsen), 'Flambo' (rosa-gefleckte Borlotti-Bohne), 'Valentino' (grün), 'Blauhilde' (violettblaue Hülsen)
Ernte und Verwendung: Buschbohnen sollten laufend durchgepflückt werden, damit sie ständig neue Blüten und damit Bohnen bilden. Lässt man die Hülsen zu lange an der Pflanze, werden sie zäh, und die Erntemenge ist geringer. Bohnen enthalten ein giftiges Glykosid, daher müssen sie vor dem Verzehr immer gekocht werden. Übrigens verfärben sich die blauen Sorten beim Kochen nach Dunkelgrün. Die Bohnen können als Schoten, die Körner frisch oder getrocknet und wieder eingeweicht für Suppen, als Gemüse, Püree oder Salat verwendet werden. Überschüssige Bohnen kann man blanchieren und einfrieren.

Tomate

Solanum lycopersicum ☼
(Synonym *Lycopersicon esculentum*)

Saattiefe: 0,5–1 cm | Pflanzabstand: 60 × 60 cm

Nährstoffbedarf: hoch
Pflanzsubstrat: Pflanzerde oder Kompost-Erde
Aussaat: Vorkultur ab Ende Februar
Pflanzung: Mitte Mai bis Mitte Juni
Kulturdauer: sechs bis neun Monate
Beetpartner: Basilikum, Petersilie, Schnitt-, Stangen- sowie Knollensellerie, Ringelblumen, Tagetes

Die Sortenvielfalt bei Tomaten ist wirklich unüberschaubar, man kennt mittlerweile mehrere Tausend verschiedene, mit weißen, grünen, gelben, orangefarbenen oder roten, ja sogar fast schwarzen, gefleckten oder gestreiften Früchten, deren Größe von kaum weintraubengroß bis kindskopfgroß reicht. Auch bei der Form lassen sich Tomaten in kein Korsett zwängen: kugelig, rund, oval, länglich, zugespitzt, birnenförmig, gerippt oder wülstig.
Beim Wuchs unterscheidet man Stabtomaten, die mit einem langen Trieb wachsen und eine Stütze brauchen, sowie Buschtomaten, die sich verzweigen und strauchförmig wachsen. Für das Hochbeet eignen sich besonders die buschigen Typen, da man an die hohen Stabtomaten in einem Beet, das ohnehin schon 70–90 cm hoch ist, ohne Leiter nicht mehr herankäme.
Die Geschmacksvielfalt ist so groß wie die Vielfalt der Sorten, achten Sie jedoch bei der Sortenwahl auch auf Resistenzen, z.B. gegen Kraut- und Braunfäulen. Etliche Neuzüchtungen sind gegen diese Krankheiten resistent oder zumindest weniger anfällig.

Gelbfrüchtige Buschtomate

Anbau/Pflege: Tomaten vertragen keinen Frost und werden deshalb auf der Fensterbank oder im Gewächshaus ab Februar/März vorgezogen. Da die kleinen Pflanzen viel Licht brauchen, ist es oft besser, beim Gärtner, auf dem Wochenmarkt oder im Gartencenter gezogene Jungpflanzen zu erwerben. Im Zimmer werden die Triebe meist lang und weich, die Pflanzen kippen leicht um. Ab Mitte/Ende Mai, wenn kein Nachtfrost mehr droht, können die Tomaten ins Hochbeet umziehen. Setzen Sie die Pflanzen so tief ein, dass die untersten Blätter gerade noch über der Erde liegen. Am Stängel in der Erde bilden sich schnell neue Wurzeln, und die Pflanze ist standfester. Diesen Umstand kann man sich auch zunutze machen, wenn man »vergeilte« Jungpflanzen, also solche, die durch zu viel Wärme und zu wenig Licht lange, dünne und weiche Stängel haben, retten möchte. Legen Sie die Pflanzen einfach längs in eine Rille, sodass nur die Spitze aus der Erdoberfläche herausschaut.
Tomaten brauchen viel Licht und einen möglichst vollsonnigen Standort. Die Pflanzen wollen viel Wasser und sollten alle zwei Wochen einen speziellen kalium- und kalziumreichen Tomatendünger bekommen. Bei Kalziummangel entstehen an den Enden der Früchte schwarze, eingesunkene Flecken, die sogenannte Blütenendfäule. Bei Stabtomaten werden die Seitentriebe in den Blattachseln alle paar Tage entfernt (»ausgegeizt«), bei Busch- oder Strauchtomaten entfällt dies. Spätestens Ende August/Anfang September wird auch die Spitze gekappt, denn die dann noch gebildeten

San Marzano Tomate

Cocktailtomaten

Blüten setzen zwar noch Früchte an, diese können aber nicht mehr ausreifen. Um die Gefahr von Kraut- und Braunfäule zu vermindern, lohnt sich der Bau einer Überdachung, die Tau und Regen von den Blättern abhält. Feuchte Blätter werden schneller von Pilzen befallen.

Schädlinge und Krankheiten: Weiße Fliege, Kraut- und Braunfäule, Samtfleckenkrankheit, Blütenendfäule

Ernte und Verwendung: Lassen Sie die Früchte an der Pflanze reifen, dann ist das Aroma am besten und der Gehalt an Vitaminen am höchsten.

Tomaten für das Hochbeet

SORTE	EIGENSCHAFTEN
'Black Cherry'	Reichtragende Kirschtomate mit schwarzroten Früchten. Sehr gesund und robust gegen Krankheiten.
'Dorenia'	Rote, rundovale Früchte mit fruchtigem Aroma. Sehr gute Resistenz gegen Braunfäule. Hoher Ertrag.
'Golden Currant'	Wildtomate mit kleinen, gelben, aromatisch-süßen Früchten. Früher Ertrag, nicht so anspruchsvoll, weniger düngen. Kann auch mehrtriebig gezogen werden.
'Rotkäppchen'	Kompakte Buschtomate mit roten runden Früchten. Braucht nicht ausgegeizt werden. Wird nur 50–60 cm hoch.
'Philovita' F1	Kirschtomate mit roten, fruchtig-süßen Früchten. Sehr widerstandsfähig gegen Braunfäule und andere Tomatenkrankheiten.
'Tigerella'	Runde, gelb-rot gestreifte Früchte, ausgezeichneter Geschmack. Stabtomate, Seitentriebe ausgeizen, aber keine Blätter entfernen.

Gelbe Chili 'Lemon Drop'

Paprika, Peperoni

Capsicum annuum, C. frutescens ☼

Saattiefe: 0,5–1 cm | Pflanzabstand: 50 × 50 cm

Nährstoffbedarf: hoch
Pflanzsubstrat: Pflanzerde oder Kompost-Erde
Aussaat: Vorkultur ab Mitte Februar
Pflanzung: Mitte Mai
Kulturdauer: fünf bis acht Monate
Beetpartner: Basilikum, Tomaten, Kohlrabi, Kohl, Salat, Knoblauch

Paprika gibt es in vielen Formen, nicht nur die typischen blockigen Gemüsepaprika oder Spitzpaprika. In den letzten Jahren werden immer häufiger auch kleinfrüchtige Sorten, sogenannte Tomaten- oder Pflaumenpaprika angeboten, deren Anbau man durchaus ausprobieren sollte. Bei Chili oder Peperoni wird der Schärfegrad in Scoville-Grad angegeben: 0 = keine Schärfe, Peperoni haben 100–500, Jalapenos 2500–8000 und reiner Cayenne-Pfeffer 30 000–50 000.

Anbau/Pflege: Vorgezogene Jungpflanzen können ab Mitte Mai ins Freie gepflanzt werden. Stecken Sie zu jedem Exemplar gleich einen kleinen Bambus- oder Holzstab oder einen Staudenstützring mit in die Erde, da die Pflanzen später durch die schweren Früchte leicht umkippen und abknicken. Ist das Wetter noch kühl, warten Sie lieber einige Tage mehr mit dem Auspflanzen, denn Paprika- und Chili-Jungpflanzen reagieren bei Temperaturen unter 12 °C mit mehrwöchigen Wachstumsstockungen. Die erste Blütenknospe an der Triebspitze, die sogenannte Königsknospe, wird ausgekniffen, damit sich die Pflanze verzweigt und mehr Früchte ansetzt. Anfangs sparsamer, später, wenn die ersten Früchte da sind, häufiger gießen und alle zwei Wochen mit Gemüsedünger düngen. Vorsicht vor zu viel Stickstoff: Dann bilden die Pflanzen nur Blätter und keine Blüten. Die Früchte sind bei allen Sorten anfangs grün und färben sich dann zu Gelb, Orange, Rot oder Violettschwarz.
Schädlinge und Krankheiten: Spinnmilben, Weiße Fliege, Blattläuse
Gute Sorten: Gemüsepaprika: 'Neusiedler Ideal', Spitzpaprika 'Ferenc Tender', 'Pantos', 'Sweet Dreams'; Chili: 'Glockenchili', 'Lemon Drop'
Ernte und Verwendung: Ernten Sie einen Teil der Schoten grün, dann werden mehr Früchte angesetzt. Beim Rest die sortentypische Farbe abwarten.

Gemüsepaprika im Hochbeet

Mini-Aubergine 'Picola'

Gestreifte Aubergine 'Listada de Gandia'

Aubergine

Solanum melongena

Saattiefe: 0,5–1 cm | Pflanzabstand: 60 × 50 cm

Nährstoffbedarf: hoch
Pflanzsubstrat: Pflanzerde oder Kompost-Erde
Aussaat: Vorkultur ab März bis April
Pflanzung: Ende Mai/Anfang Juni
Kulturdauer: vier bis sechs Monate
Beetpartner: Kohlrabi, Radieschen, Spinat

Auberginen stammen aus Indien und Fernost und lieben Wärme. Außer den bekannten violett-schwarzen Sorten aus dem Supermarkt gibt es auch weiße, gelbe, gestreifte, grüne, kugelig runde, länglich-ovale und eiförmige – was ihnen den Namen »Eierfrucht« oder »Eggplant« im Englischen einbrachte.

Anbau/Pflege: Auberginen vertragen keine Kälte und werden erst Anfang Juni ins Freie gesetzt. In derselben Erde sollten im Vorjahr keine Tomaten gewachsen sein, das kann zu Wachstumsstörungen führen. Auch im Hochbeet sind Auberginen für eine Abdeckung mit Vlies oder einen Folientunnel dankbar, wenn es nachts kälter ist. Kürzen Sie die Triebe in den ersten Wochen nach dem Auspflanzen ein, damit die Pflanze sich verzweigt und drei bis vier kräftige Triebe bildet. Nicht austrocknen lassen und ab Juli alle zwei Wochen Tomatendünger geben. Für den Anbau im Freiland im Hochbeet eignen sich besonders kleinwüchsige und kleinfrüchtige Sorten, die auch als Balkon- oder Terrassen-Auberginen angeboten werden. Gegen Weiße Fliege sind zwischen den Pflanzen aufgehängte Gelbtafeln sinnvoll.
Schädlinge und Krankheiten: Weiße Fliege, Spinnmilben
Gute Sorten: 'Blaukönigin', 'Ophelia', 'Rotonda Sfumata', 'Bambino', 'Mohican', 'Listada de Gandia', 'Black Beauty', 'Striped Toga'
Ernte und Verwendung: Auberginen sind erntereif, wenn die Früchte die gewünschte Größe erreicht haben, noch fest sind, aber auf Druck leicht nachgeben und die Schale glänzt. Schneiden Sie die Früchte mit einem scharfen Messer oder einer Gartenschere am Stiel mit dem Kelchansatz ab. Im Hochbeet im Freien können Sie ab August, wenn Sie die Pflanzen unter einem Gewächshaus-Aufsatz oder Folientunnel pflegen, auch schon ab Juli ernten. Auberginen schmecken gegrillt, geschmort oder gekocht am besten. Sie lassen sich auch in Öl oder in Essig eingelegt konservieren, wenn sie zuvor gegrillt wurden. Rohe Auberginen sind nicht bekömmlich, da sie Solanin enthalten – einen Giftstoff, der durch Erhitzen zerstört wird.

Gurke

Cucumis sativus ☼

Saattiefe: 2 cm | Pflanzabstand: 100 × 40 cm

Anbau/Pflege: Für den Anbau im Hochbeet eignen sich am besten die neuen Mini- oder Midi-Sorten. Ab Mitte Mai kommen die im April vorgezogenen Jungpflanzen ins Beet. Ein Gittertunnel als Rankhilfe kann mit Vlies überspannt werden, denn Gurken lieben Wärme. Besonders ertragreich sind veredelte Gurken, die zudem auch robuster gegen Pilzkrankheiten sind. Hoher Wasser- und Nährstoffbedarf, niemals austrocknen lassen.
Schädlinge und Krankheiten: Spinnmilben, Mehltau, Blattläuse
Gute Sorten: 'Printo' F1, 'Sonja', 'Isnik' F1
Ernte und Verwendung: Schon vier bis sechs Wochen nach der Pflanzung beginnt die Ernte. Lassen Sie die Früchte nicht zu groß werden.

Zucchini

Cucurbita pepo ☼

Saattiefe: 2 cm | Pflanzabstand: 70–100 cm

Anbau/Pflege: Mitte/Ende Mai werden vorgezogene Jungpflanzen ins Beet gepflanzt. Eine Handvoll frischer Kompost oder etwas Hornspäne sorgen für einen guten Start. Regelmäßig wässern und alle vier Wochen mit Flüssigdünger düngen. Bei Trockenheit fallen junge Früchte ab, ältere werden bitter.
Schädlinge und Krankheiten: Mehltau, Schnecken, Viruskrankheiten
Gute Sorten: 'Cocozelle di Tripolis' (grün-weiß marmoriert), 'Rheingold' (gelb), 'Tondo Chiara di Nizza' (grün, rund), 'Summerball' F1 (gelb, rund)
Ernte und Verwendung: Zucchini haben männliche und weibliche Blüten. Nur die weiblichen setzen Früchte an. Früchte klein ernten, sonst werden keine neuen angesetzt. Außerdem schmecken große Früchte fad. Ideal zum Grillen, Dünsten, für Salate und zum Füllen oder Überbacken.

Kürbis

Cucurbita pepo, C. maxima

Saattiefe: 2 cm | Pflanzabstand: 100 cm

Nährstoffbedarf: hoch
Pflanzsubstrat: Pflanzerde oder Kompost-Erde
Aussaat: Vorkultur ab Mai, Direktsaat ab Juni
Pflanzung: ab Juni
Kulturdauer: vier bis sechs Monate
Beetpartner: Bohnen, Kopfsalat, Zwiebeln

Kürbisse sind ausladende Gemüse, deren meterlange Ranken viel Platz benötigen. Sie werden in zwei Gruppen unterteilt: Riesenkürbisse *(C. maxima)*, zu denen der bekannte Hokkaido gehört, und Gartenkürbisse *(C. pepo)*, zu denen auch die Sommerkürbisse und Zucchini zählen.

Anbau/Pflege: Kürbisse sind wärmebedürftig und werden erst Ende Mai, besser noch Anfang Juni ausgepflanzt. Setzen Sie die vorgezogenen Jungpflanzen an den Rand des Hochbeets, damit die langen Ranken und großen Blätter über den Rand hängen können. Als Kletterhilfe eignen sich nur sehr stabile Holzgerüste oder Metallkonstruktionen, da Kürbisse sehr schwer werden. Kürbis braucht viel Wasser und jede Menge Nährstoffe, daher bei der Pflanzung zusätzlich Kompost ins Pflanzloch geben und im Juli und August mit einem Gemüsedünger düngen. Im Sommer alle zwei bis drei Tage gießen. Legen Sie unter Früchte, die auf dem Boden liegen, ein Holzbrett oder Stroh, damit sie nicht faulen.

Schädlinge und Krankheiten: Mehltau an den Blättern, Schnecken, Fäulnis bei Nässe

Gute Sorten: Hokkaido: 'Red Kuri', 'Blue Kuri', 'Fictor'; Gartenkürbis: 'Butternut Waltham'; 'Sommerkürbis: 'Rondini', 'Patisson', 'Sunburst'

Ernte und Verwendung: Garten- und Riesenkürbisse sind erntereif, wenn der Stiel beginnt einzutrocknen. Schneiden Sie Kübisse nicht am Stiel ab, sondern trennen Sie den Trieb durch, an dem der Stiel sitzt. Die Kürbisse sollten dann noch an einem warmen, trockenen Ort ein paar Tage lang nachreifen, sie sind dann mehrere Monate lagerfähig. Sommerkürbisse werden dagegen sofort verzehrt. Kürbisse eignen sich für Suppen, Eintöpfe, zum Grillen sowie zum Überbacken.

Kürbisse brauchen eine stabile Rankhilfe.

Butternut-Kürbisse

Küchenzwiebel

Schalotte

Zwiebel, Schalotte

Allium cepa ☼

Saattiefe: 1–2 cm | Reihenabstand: 20 cm

Nährstoffbedarf: niedrig
Pflanzsubstrat: Pflanzerde oder Kompost-Erde
Aussaat: Direktsaat ab März bis April
Pflanzung: Steckziebeln April bis Mai
Kulturdauer: sieben bis neun Monate
Beetpartner: Möhren, Pastinaken, Rote Bete, Salat

Küchenzwiebeln *(A. cepa* var. *cepa)* haben ein mildes bis scharfes Aroma und eine weiße, braune oder rote Schale. Lauch- oder Frühlingszwiebeln gehören zur selben Art, bilden aber keine dicken Zwiebeln aus. Schalotten *(A. cepa* var. *ascalonicum)* haben ein besonders feines Aroma und bilden aus einer Pflanzzwiebel viele kleine Gruppen an Teilzwiebeln. Winterheckenzwiebeln *(A. fistulosum)* bilden lange Röhrenblätter, die im Winter als Ersatz für Lauch- und Frühlingszwiebeln dienen.

Anbau/Pflege: Zwiebeln lassen sich zwar aussäen, einfacher geht der Anbau jedoch mit Steckzwiebeln, die ab Ende März – Schalotten erst im April, da sie wärmeliebender sind – ins Beet kommen. Stecken Sie die Zwiebelchen nur so tief, dass die Spitze gerade noch herausschaut. Bis Juni regelmäßg gießen, wenn es trocken ist, da sonst die Zwiebeln kleiner bleiben. Ab Mitte/Ende Juni nicht mehr gießen, damit die Zwiebeln ausreifen können. Wenn Sie Zwiebeln aussäen möchten, sollten Sie die Samen ab März/April in Reihen direkt ins Beet säen. Nach der Keimung werden überzählige ausgezupft (vereinzelt), bis nur noch alle 5–10 cm (je nach Sorte) ein Pflänzchen steht. Zwiebeln werden in manchen Gegenden stark von der Zwiebelfliege befallen, dann lohnt sich ein Anbau nur unter einer Tunnelabdeckung mit einem Kulturschutznetz, das die Fliegen abhält.
Schädlinge und Krankheiten: Lauchminierfliege, Zwiebelfliege, Rostpilze, Mehltau
Gute Sorten: Küchenzwiebel: 'Sturon', 'Robelja', 'Stuttgarter Riesen'; Lauchzwiebel: 'Ishikura Long White', 'Rossa Lunga di Firenze', Schalotte: 'Red Sun', 'Yellow Moon'; Winterheckenzwiebel: Meist wird nur die Art angeboten.
Ernte und Verwendung: Lauchzwiebeln werden bei Bedarf geerntet, sobald die Schäfte dick genug sind. Küchenzwiebeln und Schalotten sollten auf dem Beet abreifen können und werden aufgenommen, wenn das Laub vergilbt und eingetrocknet ist. Bei Winterheckenzwiebeln können laufend einzelne Röhrenblätter geschnitten werden.

Knoblauch

Allium sativum

Pflanztiefe: 5 cm | Pflanzabstand: 20–25 cm

Anbau/Pflege: Knoblauch wird am besten im Herbst ab Oktober ins Hochbeet gesteckt oder im Februar/März. Die Zehen müssen etwa 5 cm tief im den Boden liegen. Im Herbst gepflanzter Knoblauch blüht im nächsten Jahr. An den Blüten bilden sich kleine Tochterzwiebelchen, die ebenfalls eingepflanzt werden können.
Schädlinge und Krankheiten: Knoblauchfliege, Schimmel und Fäulnis bei Nässe
Gute Sorten: 'Edenrosa', 'Germiodour', Printanor' (rosa), 'Flavor', 'Cledor', 'Mesidor' (weiß); Schlangenknoblauch *(A. sativum* var. *ophioscorodon)* hat verdrehte Stängel und schmeckt milder (Bild).
Ernte und Verwendung: Ab Mitte/Ende Juli kann geerntet werden, wenn die unteren Blätter vergilben. Zum Einlagern müssen die Knollen trocknen, Zum Würzen oder Einlegen in Essig und Öl.

Porree (Lauch)

Allium porrum

Saattiefe: 1–2 cm | Pflanzabstand: 15 × 40 cm

Anbau/Pflege: Aussaat in Schalen ab Februar/März auf der Fensterbank zum Auspflanzen ab März/April (Sommersorten) bzw. Aussaat April/Mai zum Auspflanzen von Wintersorten im Juli. 8–15 cm tief in die Erde setzen, Blätter und Wurzeln nicht einkürzen. Anhäufeln, damit die Stangen gut stehen und weiß bleiben. Nicht über die Blattachseln häufeln, sonst gelangt Erde in die Stangen.
Schädlinge und Krankheiten: Lauchminiermotte, Zwiebelfliege, Rostpilze, Lauchmotte
Gute Sorten: Sommeranbau: 'Schweizer Riesen', Herbst- und Winteranbau: 'Blaugrüner Winter', 'D'Hiver de Saint-Victor'
Ernte und Verwendung: Ernte ab Juni bis zum Forst. Herbst- und Winter-Sorten können im Winter auf dem Beet bleiben, da sie frosthart sind.

Sprossenbrokkoli

Brokkoli

Brassica oleracea var. *italica* ☼

Saattiefe: 2 cm | Pflanzabstand: 50 × 50 cm

Nährstoffbedarf: hoch
Pflanzsubstrat: Pflanzerde oder Kompost-Erde
Aussaat: für frühe Ernte Vorkultur ab Mitte April bis Ende Juni, für späte Ernte Direktsaat ab Mitte April bis Ende Juni
Pflanzung: Mitte April bis Ende Juli
Kulturdauer: drei bis vier Monate
Beetpartner: Salat, Erbsen, Buschbohnen, Tomaten, Sellerie, Fenchel

Beim Brokkoli unterscheidet man zwei Wuchsformen: den bekannten »Kopfbrokkoli« mit einem mehr oder weniger geschlossenen, grünen Kopf und den Sprossenbrokkoli, der an vielen Seitentrieben kleine, meist violette Röschen bildet. Sprossenbrokkoli ist kälteunempfindlich und kann den ganzen Winter unter Vlies auf dem Beet bleiben.

Anbau/Pflege: Die Jungpflanzen werden so tief eingesetzt, dass der Wurzelhals – das Stängelstück unterhalb der ersten Blätter – in der Erde sitzt. Dann stehen sie später besser und knicken nicht so leicht um. Brokkoli nimmt recht viel Platz ein, wenn er ausgewachsen ist. Bis die großen Blätter ausgebildet sind, können Sie als Lückenfüller noch schnellwachsenden Schnittsalat zwischen die Pflanzen säen, damit keine Beetfläche »verschwendet« wird. Den Brokkoli immer wieder anhäufeln, um die Standfestigkeit zu erhöhen. Brokkoli braucht viel Wasser und Nährstoffe, Sprossenbrokkoli aber ab Juli nicht mehr mit Stickstoff düngen, sonst werden die Triebe weich und frostanfällig.
Schädlinge und Krankheiten: Kohlfliege, Kohlweißlingsraupen, Kohlmottenschildlaus
Gute Sorten: Sprossenbrokkoli: 'Early Purple Sprouting', 'Santee' F1; Kopfbrokkoli: 'Calinaro', 'Cezar', 'Coastal' (grün)
Ernte und Verwendung: Geerntet wird, wenn der Kopf die gewünschte Größe erreicht hat, aber noch fest ist. Lockere Köpfe mit sich gerade öffnenden oder schon offenen Blütenknospen schmecken bitter. Wenn Sie den Stiel nicht zu tief abschneiden, können Sie drei bis vier Wochen später die kleinen Seitentriebe ernten. Sprossenbrokkoli wird laufend nach Bedarf geerntet.

Brokkoli

Romanesco

Weißköpfiger Blumenkohl

Blumenkohl, Romanesco

Brassica oleracea var. *botrytis* ☼

Saattiefe: 2 cm | Pflanzabstand: 50 × 50 cm

Nährstoffbedarf: hoch
Pflanzsubstrat: Pflanzerde oder Kompost-Erde
Aussaat: für frühe Ernte Vorkultur ab Mitte April bis Ende Juni, für späte Ernte Direktsaat ab Mitte April bis Ende Juni
Pflanzung: Mitte April bis Ende Juli
Kulturdauer: drei bis vier Monate
Beetpartner: Salat, Erbsen, Buschbohnen, Tomaten, Sellerie, Mangold, Möhre

Blumenkohl gibt es mit weißen, orangefarbenen oder violetten Köpfen, Romanesco ist immer hellgrün. Beide haben von allen Kohlarten den höchsten Wasser- und Düngebedarf. Daher wachsen sie besonders gut in der humosen, gehaltvollen nährstoffreichen Erde eines Kompost-Hochbeets.

Anbau/Pflege: Beim Blumenkohl unterscheidet man zwischen Sorten für den Früh-, Sommer- und den Herbstanbau. Zur »falschen« Jahreszeit gepflanzte Exemplare neigen zur vorzeitigen Blüte (»Schießen«). Auch Jungpflanzen, die zu lange in den Anzuchttöpfen gestanden haben und mit den Wurzeln um den Topfrand gewachsen sind, schießen leicht. Die vorgezogenen Jungpflanzen werden so tief ins Beet gesetzt, dass der untere Blattansatz noch aus der Erde herausschaut. Ein Kohlfliegenkragen (Vliesplättchen, das um die Pflanze gelegt wird) schützt vor dem Befall mit Kohlfliegen. Nicht austrocknen lassen und die Pflanzen alle vier Wochen düngen. Damit die schweren Köpfe nicht umkippen, werden Blumenkohl und Romanesco immer wieder mit Erde angehäufelt. Zudem kann man einige der großen Blätter umknicken und den Kopf bedecken, damit die weißen Köpfe nicht vergrünen.
Schädlinge und Krankheiten: Kohlfliege, Kohlmottenschildlaus, Kohlweißlingsraupen.
Gute Sorten: Blumenkohl: 'Celiano' (Herbst), 'Neckarperle' (Früh- und Spätanbau), 'Nuage° (Sommer und Herbst), 'Odysseus' (Frühanbau), 'Siciliano Violetto' (früh, Sommer, violett), 'Sunset' (früh, Sommer, orange); Romanesco: 'Veronica' und 'Minarett' (beide früh und spät, nicht für den Anbau im Sommer)
Ernte und Verwendung: Blumenkohl und Romanesco wird geerntet, solange die Köpfe fest sind, zügig abernten und Ernteüberschüsse blanchieren und einfrieren. Zum Dünsten und für Suppen und Eintöpfe. Die zarten Blätter können ebenfalls gedünstet oder als Rohkostsalat verzehrt werden. Violette Sorten färben sich beim Kochen weiß.

KRÄUTER IM HOCHBEET
Frisches Aroma für die Küche

Küchenkräuter können Sie zusammen mit Gemüse oder in einem eigenen Beet anbauen, mediterrane Kräuter wachsen besser in einem separaten Beet, da sie weniger Nährstoffe brauchen. Auch in Hochbeete mit Stauden oder Sommerblumen passen Kräuter gut.

KRÄUTER GEHÖREN in jeden Garten und natürlich auch ins Hochbeet. Schnellwachsende einjährige wie Kerbel und Kresse sind ideale Lückenfüller, die zwischen anderen Gemüsen ausgesät werden und geerntet werden können, bevor Salat oder Kohl so groß ist, dass er den ganzen Platz im Beet einnimmt. Andere bleiben die ganze Saison über im Hochbeet.

Ansprüche beachten

Kombinieren Sie Kräuter mit ähnlichen Ansprüchen, was den Licht-, Wasser- bzw. Nährstoffbedarf angeht, dann wachsen sie am besten. So passen Küchenkräuter wie Schnittlauch, Petersilie, Kerbel, Liebstöckel und Schnittsellerie gut zusammen und vertragen sich auch mit den meisten Gemüsearten gut. Mediterrane Kräuter verlieren ihr Aroma, wenn sie zu viel Wasser und Dünger bekommen, daher pflanzt man sie besser in ein separates Beet mit Kräutererde, Dachgartensubstrat oder ein Kompost-Erde-Gemisch, dem etwa ein Drittel Sand beigemischt wurde. Sie können auch beide Kräutertypen kombinieren, indem Sie z. B. in der Mitte eines Kompost-Hochbeets, in dem Küchenkräuter wachsen, eine »Mini-Hochbeet« aufstellen, in das die Mediterranen in einem nährstoffärmeren Substrat wachsen. Ein einfacher Holzrahmen oder eine Mauer aus zwei oder drei Lagen Ziegel, die lose aufeinandergelegt werden, reicht dazu aus.
Je sonniger der Standort, desto mehr Inhaltsstoffe, die das Aroma geben, werden gebildet. Pflanzen Sie Ihre Kräuter daher in die sonnigsten Bereiche des Hochbeets auf der Süd-, Südwest- oder Ostseite.

Kräuterbeete gestalten

Kräuter erscheinen durch ihre vielen kleinen Blätter viel »wuseliger« als Gemüse wie Salat oder Kohl. Vor allem kleine Kräuterbeete wirken besonders attraktiv, wenn man sich an klare Formen und Einteilungen hält. Säen oder pflanzen Sie die Kräuter in Reihen oder kleinen Quadraten, dann ergeben sich durch die unterschiedlichen Blattfarben und -formen schöne Muster. Besonders hübsch sieht es aus, wenn Sie mehrere Sorten einer Art miteinander kombinieren, z. B. groß- und kleinblättrige grüne Basilikum-Sorten mit rotblättrigen. Auch bei Salbei, Thymian und Oregano gibt es viele Sorten mit unterschiedlich gefärbten Blättern.
Höhere Kräuter wie Liebstöckel kommen in die Mitte des Beets oder in eine Ecke, mittelgroße und niedrigere weiter nach vorn an den Rand.

Wärmespeicher für mediterrane Kräuter

Thymian, Lavendel, Rosmarin, Oregano oder Berg-Bohnenkraut fühlen sich erst richtig wohl, wenn es heiß und trocken wird. Um ihnen noch mehr Wärme zukommen zu lassen, können Sie zwischen den Kräutern einige dicke Steine platzieren, die sich tagsüber in der Sonne aufheizen und die Wärme nachts an die Pflanzen abgeben.

Mediterrane Kräuter wie Oregano, Thymian, Salbei und Rosmarin finden im Hochbeet ideale Wachstumsbedingungen.

KRÄUTER ANBAUEN
Aromatische Würze aus dem Garten

Kräuter sind einfach zu pflegen. Viele Arten lassen sich aussäen – ab Februar auf der Fensterbank oder ab März direkt ins Hochbeet. Bei anderen geht es schneller, wenn man auf dem Wochenmarkt oder im Gartencenter vorgezogene Exemplare kauft.

WER IM Frühling in den Katalogen der Kräutergärtnereien blättert, ist bei der Auswahl ob der Vielfalt an Kräuterarten und -sorten fast überfordert. Kräuter stammen aus den unterschiedlichsten Regionen der Erde und aus vielen verschiedenen Pflanzenfamilien. Entsprechend unterschiedlich sind ihre Ansprüche, was Licht, Temperatur, Licht und Boden angeht.

* Einjährige wie Kerbel, Blattkoriander oder Gartenkresse wachsen schnell und werden ab März/April direkt ins Beet gesät. Säen Sie alle drei bis vier Wochen nach, dann haben Sie immer genug zum Ernten.
* Zweijährige wie Petersilie werden am besten auch ausgesät. Man kann sie auch als vorgezogene Jungpflanzen kaufen, diese müssen aber ins Beet, solange sie noch klein sind und nicht mehr als drei oder vier echte Blätter ausgebildet haben. Größere Exemplare reagieren empfindlich auf das Umpflanzen und neigen dann zu einer vorzeitigen Blüte.
* Mehrjährige Küchenkräuter wie Liebstöckel und Schnittsellerie bilden so viel Blattmasse, dass für den Hausgebrauch eine oder zwei Pflanzen reichen, die man im Frühjahr im Gartencenter oder Wochenmarkt kauft. Schnittlauch wird besser gesät, denn vorgezogene Exemplare neigen beim Auspflanzen im Beet ebenfalls zu einer vorzeitigen Blüte. Die Röhren werden dann hart und ungenießbar.
* Mediterrane Kräuter wie Thymian, Rosmarin oder Oregano pflanzt man ebenfalls. Da diese weniger Feuchtigkeit und Dünger brauchen als Küchenkräuter, sollten Sie sie in ein separates Beet setzen.

Für alle Kräuter gilt: Nach der Aussaat bzw. der Pflanzung gut angießen und in den ersten Wochen nicht austrocknen lassen.

Mit buntblättrigen Sorten wie diesem Gold-Oregano kommt Farbe ins Kräuterhochbeet.

Gießen, düngen und pflegen

Kräuter sind recht anspruchslos und gedeihen meist ganz von allein. Eine Kompostgabe im Frühjahr reicht zur Nährstoffversorgung aus, lediglich Liebstöckel ist für eine zweite Düngergabe im Sommer dankbar. Vergessen Sie in Trockenzeiten das Gießen nicht. Mehrjährige Kräuter erhalten ab November eine Abdeckung aus Vlies, das sie vor Kälte und Austrocknung schützt. Verholzende Kräuter wie Thymian, Lavendel und Salbei bleiben kompakt, wenn man sie im Frühjahr um etwa ein Drittel zurückschneidet.

Kräuter mit langen Ranken wie die Kapuzinerkresse wachsen am besten am Hochbeetrand.

Kräuter haltbar machen

Wer viele Kräuter anbaut, kann sich für die kalte Jahreszeit einen Vorrat anlegen. Damit das Aroma erhalten bleibt, haben sich die folgenden Konservierungsmethoden bewährt:

* Einfrieren: Küchenkräuter wie Petersilie, Dill, Schnittlauch, Liebstöckel, Kerbel und Kresse halten sich am besten, wenn Sie sie nach der Ernte kurz abwaschen, klein hacken und in Eiswürfelbehälter füllen. Etwas kaltes Wasser aufgießen und einfrieren. Die gefrorenen Kräuterwürfel können dann in Tüten abgepackt und platzsparend im Gefrierfach aufbewahrt werden. Sie können auch etwas gehackte Zwiebeln, Knoblauch und gewürfelte Möhren-, Petersilienwurzel oder Pastinaken dazugeben, dann haben Sie jederzeit eine fertige Suppenwürze.
* Trocknen: Salbei, Rosmarin, Thymian, Lavendel, Oregano und Bohnenkraut werden mit ganzen Zweigen kopfüber aufgehängt oder auf flachen Gittern getrocknet und in dicht schließenden Einmachgläsern aufbewahrt.
* Kräutersalz: Petersilie, Dill, Kerbel, Liebstöckel oder Dill werden klein gehackt und mit grobem Salz vermischt (⅓ Salz, ⅔ Kräuter). Lassen Sie die Mischung einen Tag offen stehen. Anschließend in Schraubgläser abfüllen.

Duft- und Teekräuter

Eine schöne Idee für kleine Hochbeete sind Themenbeete mit Kräuterarten für eine bestimmte Verwendung, z. B. aromatische Duft- und Teekräuter. Blätter und Blüten von Duftnesseln *(Agastache)*, Lavendel, Zitronenmelisse, Salbei, Minze, Fenchel, Anis, Kümmel und Thymian ergeben frisch oder getrocknet aromatische Tees, die nicht nur gut schmecken, sondern auch, wie Thymian, ein tolles Hausmittel z. B. bei Halsschmerzen sind. Frostempfindliche Arten wie die Zitronenverbene (*Aloysia*, → Bild) und Süßkraut *(Stevia)* wachsen auch im Hochbeet. Entweder Sie pflanzen sie jedes Jahr neu oder setzen sie in Töpfe, die ab Anfang April im Hochbeet versenkt werden und Ende Oktober/Anfang November im Haus an einen hellen, kühlen Platz zum Überwintern gestellt werden.

Petersilie

Petroselinum crispum

Saattiefe: 2–3 cm | Reihenabstand: 20–30 cm

Anbau/Pflege: Ab März, wenn der Boden nicht mehr nass ist, sät man Petersilie direkt aus. Der Boden darf nicht mehr kalt sein, ideal sind 15–20 °C. Petersilie keimt langsam und unregelmäßig, oft erst nach drei Wochen. Nicht austrocknen lassen. Blüht im zweiten Standjahr.
Schädlinge und Krankheiten: Blattflecken- und Pilzkrankheiten. Die glatten Sorten sind weniger anfällig.
Gute Sorten: Krause Sorten: 'Grüne Perle 2', 'Mooskrause 2'; glattblättrige Sorten: 'Einfache Schnitt 3', 'Gigante d' Italia'
Ernte und Verwendung: Blätter von Ende April bis zum Frost. Für Salate, Suppen, zum Würzen. Lässt sich gut einfrieren.

Basilikum

Ocimum basilicum

Saattiefe: max. 0,5 cm | Pflanzabstand: 25 × 30 cm

Anbau/Pflege: Aussaat auf der Fensterbank in Töpfen oder Schalen ab März. Basilikum liebt Wärme, bei 18–20 °C keimt es am schnellsten. Samen nicht mit Erde abdecken, nur andrücken und angießen. Ab Mitte Mai ins Freie pflanzen. Basilikum ist robuster als oft behauptet und erholt sich nach kurzen Trockenperioden schnell. Blüten entfernen, sonst schmecken die Blätter bitter.
Schädlinge und Krankheiten: Stängelfäule und Schimmel bei zu nasser Erde, Schnecken, Blattläuse, Trauermücken.
Gute Sorten: grün, großblättrig: 'Genoveser', 'Großes Grünes', kleinblättrig: 'Piccolino', rot: 'Dark Opal'; Zitronen-Basilikum 'Lime', Thai-Basilikum 'Thai'.
Ernte und Verwendung: Junge Blätter und Triebspitzen laufend ernten. Treibt aus den Blattachseln neu aus. Für Salate und mediterrane Gerichte.

Kerbel

Anthriscus cerefolium ☼ ◐

Lichtkeimer | Reihenabstand: 25–40 cm

Anbau/Pflege: Aussaat ab März bis Juli in Sätzen alle vier Wochen, da Kerbel schnell blüht und die Blätter dann vergilben und nicht mehr so aromatisch sind. Die Saat darf nicht mit Erde abgedeckt werden, da Kerbel ein Lichtkeimer ist. Samen nur ausstreuen, leicht andrücken und angießen. Späte Aussaaten (ab Juli bis September) blühen nicht und können überwintern. Kerbel neben Salat angebaut soll Schnecken von demselben fernhalten. Ideal für Kästen oder Kastenbeete in feuchter Pflanzerde.
Schädlinge und Krankheiten: Blattläuse, Pilzkrankheiten, vor allem Falscher Mehltau. Nicht zu feucht halten.
Gute Sorten: 'Verena'
Ernte und Verwendung: April bis Oktober. Für Suppen und Salate. Am besten frisch verwenden, getrocknet verliert sich das Aroma.

Majoran

Origanum majorana ☼

Lichtkeimer | Pflanzabstand: 20 × 20 cm

Anbau/Pflege: Aussaat in Schalen auf der Fensterbank ab März/April, im Freien erst am Mai, da Majoran keine Kälte verträgt. Samen nicht abdecken, nur andrücken und angießen. Wächst langsam, daher auf Unkraut achten und dieses regelmäßig auszupfen. Majoran ist nicht winterhart, daher jedes Jahr frisch aussäen oder pflanzen. Eine Überwinterung ist möglich, lohnt aber nicht.
Schädlinge und Krankheiten: Junge Pflanzen anfällig für Pilzkrankheiten. Nicht zu feucht halten.
Gute Sorten: 'Italienischer', 'Französischer'
Ernte und Verwendung: Juni bis September junge Blätter und Triebspitzen. Für Suppen und Eintöpfe. Lasst sich gut trocknen. Majoran wird oft mit Oregano (→ Seite 120, Dost) verwechselt. Man erkennt ihn jedoch gut an den kugeligen Blütenknospen.

Schnittlauch

Allium schoenoprasum

Saattiefe: 2 cm | Pflanzabstand: 30 cm

Anbau/Pflege: Aussaat im Freien ab Februar/März möglich. Da die Keimlinge aber langsam wachsen, ist es besser, vorgezogene, getopfte Jungpflanzen zu setzen. Schnittlauch ist mehrjährig und kann viele Jahre im Hochbeet wachsen. Topfpflanzen, die ab Juni/Juli eingepflanzt werden, blühen meist sofort. Bevorzugt kalkhaltigen Boden.
Schädlinge und Krankheiten: Schnittlauchrost und Falscher Mehltau. Befallene Blätter abschneiden und in den Hausmüll geben.
Gute Sorten: 'Schmitt', 'Gonzales', 'Elbe'
Ernte und Verwendung: Junge Halme ungefähr 1–2 cm über dem Boden abschneiden. Für Suppen, Salate, Kräuterbutter. Lässt sich gut einfrieren. Beim Trocknen geht viel Aroma verloren.

Liebstöckel

Levisticum officinale

Pflanzabstand: 50 cm

Anbau/Pflege: Eine Aussaat lohnt nicht, am besten pflanzen Sie ab März vorgezogene Setzlinge ins Hochbeet. Liebstöckel ist mehrjährig, raschwüchsig und braucht viele Nährstoffe. Im Juni und nach der Ernte mit Kompost oder Kräuterdünger versorgen. Im Herbst vergilben die Blätter, die Pflanze treibt aber im Frühjahr wieder aus. Liebstöckel kann über 1 m hoch werden, braucht also viel Platz. Nicht austrocknen lassen, aber Nässe vermeiden.
Schädlinge und Krankheiten: Blattläuse (abwaschen), Blattflecken (Blätter abschneiden)
Gute Sorten: 'Verino'
Ernte und Verwendung: Junge Blätter schmecken zart und würzig. Ernte vom Sommer bis in den Herbst. Wegen seines intensiven Aromas wird Liebstöckel auch »Maggi-Kraut« genannt. Sparsam verwenden. Für Suppen, Fleisch und Eintöpfe. Lässt sich trocknen oder einfrieren.

Berg-Bohnenkraut

Satureja montana

Lichtkeimer | Pflanzabstand: 25–30 cm

Anbau/Pflege: Aussaat ab März möglich, die Samen nur andrücken und angießen. Schneller geht es mit vorgezogenen Jungpflanzen. Berg-Bohnenkraut ist mehrjährig und bevorzugt nährstoffarme, trockenere Erde, am besten in Kräutererde setzen oder Sand beimischen. Ab dem zweiten Standjahr im Frühling etwas Kompost als Dünger geben und leicht zurückschneiden. Im Winter vor Nässe schützen und mit Vlies abdecken.
Schädlinge und Krankheiten: robust und unempfindlich
Gute Sorten: 'Aromakugel', Zitronen-Bohnenkraut *(Satureja montana* var. *citriodora)*
Ernte und Verwendung: Junge Blätter und Triebspitzen sind zart und feiner im Aroma. Zum Trocknen ganze Zweige abschneiden. Für mediterrane Gerichte, zu Bohnen und in Eintöpfen.

Estragon

Artemisia dracunculus var. *sativa*

Pflanzabstand: 30–40 cm

Anbau/Pflege: »Russischer« oder »Deutscher« Estragon kann ausgesät werden, wesentlich aromatischer ist aber der »Französische«, der nur durch Stecklinge vermehrt werden kann. Im Herbst (September) oder Frühjahr (April) in Kräutererde pflanzen. Im Winter vor Nässe und mit einem Vlies gegen Kälte schützen. Verträgt zwar Halbschatten, ein sonniger oder vollsonniger Standort ist jedoch besser. Nicht austrocknen lassen, sonst schmecken die Blätter bitter.
Schädlinge und Krankheiten: Rostpilze und Nematoden (Wurzelälchen)
Gute Sorten: »Französischer«
Ernte und Verwendung: Zarte Triebspitzen und junge Blätter. Zum Trocknen ganze Triebe im Spätsommer 5 cm über dem Boden abschneiden.

Rosmarin

Rosmarinus officinalis ☼

Pflanzabstand: 40–50 cm

Anbau/Pflege: Jungpflanzen ab März in durchlässige oder mit Sand vermischte Kräutererde pflanzen. Blüht schon im April. Im April/Mai düngen, danach nicht mehr, sonst werden zu viele weiche Triebe gebildet, die im Winter zurückfrieren. Rosmarin übersteht in milden Regionen durchaus den hiesigen Winter, wenn man ihn mit Vlies abdeckt.
Schädlinge und Krankheiten: Spinnmilben bei Hitze.
Gute Sorten: 'Weihenstephan', 'Arp' (besonders winterhart)
Ernte und Verwendung: Zarte Triebe und Blätter frisch zu mediterranen Gerichten, dunklem Fleisch, zum Aromatisieren beim Grillen. Zum Trocknen im Spätsommer ganze Triebe schneiden.

Lavendel

Lavandula angustifolia ☼

Pflanzabstand: 30–50 cm

Anbau/Pflege: Pflanzung im März/April in durchlässige Kräutererde. Sparsam düngen, sonst entwickeln die Blätter und Blüten weniger Aroma. Im August leicht zurückschneiden, aber nicht ins alte Holz (die Triebe müssen noch Blätter haben), sonst treibt der Lavendel nicht mehr aus. Im Winter mit Vlies abdecken. »Lavandin«-Lavendel *(Lavandula × intermedia)* ist besonders aromatisch und verträgt nährstoffreicheren Boden.
Schädlinge und Krankheiten: Fäulnis bei zu wenig Sonne und zu feuchtem Boden
Gute Sorten: 'Hidocte', 'Cecilia', 'Two Seasons'
Ernte und Verwendung: Blüten zum Trocknen Ende Juli bis Anfang Juli schneiden, wenn sich fast alle Blüten der Ähre geöffnet haben. Blätter und Triebe können vom Frühjahr bis in den Herbst abgezupft werden. Für Aromakissen, Desserts und zur Verfeinerung von Marmelade und Zucker.

Zitronen-Thymian

Kleiner Gewürzthymian 'Compactus'

Thymian

Thymus vulgaris, T. × citriodorus ☼

Lichtkeimer | Pflanzabstand: 30–40 cm

Nährstoffbedarf: niedrig
Pflanzsubstrat: Dachgartensubstrat, Kräutererde, Kübelpflanzenerde
Aussaat: Vorkultur ab April, Direktsaat ab April bis Mitte August
Pflanzung: April bis Mai
Kulturdauer: mehrjährig
Beetpartner: Salbei, Rosmarin, Lavendel, Berg-Bohnenkraut

Thymian darf in keinem Kräuterbeet für die mediterrane Küche fehlen. Es gibt viele Sorten mit unterschiedlichen Blattfarben und Aromen, sodass sich auch die Anlage eines kleinen Thymian-Beets lohnt.

Anbau/Pflege: Thymian wächst am besten in durchlässigem, kalkhaltigem Boden in voller Sonne. Aussaat ab März/April möglich, schneller geht es, wenn Sie vorgezogene Topfpflanzen ab April ins Beet setzen. Thymian wächst auch in nährstoffreicher, feuchter Erde, die Triebe verholzen dann jedoch schlecht, und die Wurzeln wachsen nur in den oberen Bodenschichten. Solche Pflanzen überstehen den Winter in der Regel nicht. Im Hochbeet sollte die Erde fast austrocknen, bevor gegossen wird. Thymian lässt sich leicht durch Stecklinge vermehren. Schneiden Sie gerade verholzte, 4–5 cm lange Triebe im Mai/Juni ab, und stecken Sie diese, nachdem die untersten Blättchen abgestreift wurden, in feuchten Sand. Nach ein paar Wochen haben sich Wurzeln gebildet.
Schädlinge und Krankheiten: keine
Gute Sorten: 'Compactus' (aromatisch), Kümmel-Thymian 'Herba-Barona' (würziges Aroma); Zitronen-Thymian *(Thymus × citriodorus)* mit Zitrus-Aroma, es gibt grünblättige Sorten und solche mit panaschierten – weiß-grünen oder gelbgrünen – Blättern, 'Lammefjord' ist etwas frosthärter; Orangen-Thymian (*T. fragrantissimus)* mit mild-fruchtigem Orangenaroma
Ernte und Verwendung: Zarte Triebspitzen und Blättchen für mediterrane Gerichte, ganze Triebe mit festen Blättern zum Mitkochen oder Braten. Kurz bevor sich die kleinen rosa Blütenknospen öffnen, ist der Gehalt an aromatischen Substanzen in den Blättern am höchsten. Zum Trocknen eignen sich nur ausgereifte, ganze Triebe, die luftig an einem dunklen Ort aufgehängt werden. Thymian-Tee hilft hervorragend bei Husten. Dazu die Blätter mit kochendem Wasser überbrühen und 10 Minuten ziehen lassen.

Currykraut

Helichrysum angustifolium (syn. *italicum*) ☼

Pflanzabstand: 30–40 cm

Anbau/Pflege: Eine Aussaat ist zwar möglich, besser ist es jedoch, ab April getopfte Exemplare ins Hochbeet zu pflanzen. Currykraut braucht einen vollsonnigen Platz und durchlässige, nährstoffarme Kräutererde. Im Frühling und im Spätsommer nach der Blüte zurückschneiden. Im Gegensatz zu Lavendel treiben auch alte, verholzte Triebe wieder aus. Im Winter vor Nässe schützen und mit Vlies abdecken.

Schädlinge und Krankheiten: keine

Gute Sorten: 'Silbernadel', 'Weißes Wunder', 'Schnee-Currykraut'

Ernte und Verwendung: Triebspitzen und ganze Zweige. Wegen des intensiven Aromas nur Mitkochen und sparsam verwenden.

Oregano

Origanum vulgare ☼

Lichtkeimer | Pflanzabstand: 30–50 cm

Anbau/Pflege: Anspruchslos. Im Frühjahr pflanzen, ab dem zweiten Standjahr im April etwas Kompost als Dünger geben. Je sonniger und trockener der Boden, desto aromatischer sind die Blätter. Alte Triebe im März/April auf eine Höhe von 5 cm über dem Boden zurückschneiden. Nässe im Winter kann zu Wurzelfäulnis führen.

Schädlinge und Krankheiten: Rostpilze (befallene Triebe entfernen)

Gute Sorten: 'Compactum', 'Aromatico', Kretischer Oregano *(O. creticum)*

Ernte und Verwendung: Blätter und Triebspitzen, bevor sich die Knospen öffnen. Frisch für die italienische und mediterrane Küche. Intensives Aroma, das leicht dominant wird, besonders wenn man getrocknete Blätter verwendet. Zum Trocknen ganze Triebe kurz vor der Blüte schneiden und aufhängen oder die Blätter auf Gaze ausgelegt trocknen.

Salbei

Salvia officinalis ☼

Pflanzabstand: 40–50 cm

Nährstoffbedarf: niedrig bis mittel
Pflanzsubstrat: Dachgartensubstrat, Kräutererde, Kübelpflanzenerde
Pflanzung: April bis Mai
Kulturdauer: mehrjährig
Beetpartner: Thymian, Rosmarin, Lavendel, Berg-Bohnenkraut

Vom Garten- oder Gewürz-Salbei gibt es viele Sorten, etliche davon mit bunten Blättern, die nicht nur aromatisch schmecken, sondern auch attraktive Beetpflanzen sind.

Anbau/Pflege: Salbei ist ein mehrjähriger Kleinstrauch, der durchaus eine Höhe von 60–80 cm erreichen kann. Ein warmer, sonniger Platz ist ideal, zu viele Nährstoffe im Boden führen dazu, dass sich viele weiche Triebe und große Blätter bilden, die anfällig für Mehltau sind. Im April/Mai vor der Blüte schneidet man die Triebe um ein Drittel zurück. Die dabei anfallenden Zweigstücke können auch als Stecklinge verwendet werden. Eine einmalige Kompostgabe im Mai reicht als Düngung aus. Salbei kann auch im April kräftig ins alte Holz zurückgeschnitten werden, die Pflanze treibt dann wieder neu und buschig aus. Zu stark gedüngte Pflanzen sind frostanfällig. Alte Pflanzen, die nicht mehr schön aussehen, besser durch neue, jüngere ersetzen.
Schädlinge und Krankheiten: Mehltau bei feuchtem Wetter. Auf einen luftigen Stand achten.
Gute Sorten: 'Berggarten' (aromatisch), 'Purpurascens' (Austrieb und junge Blätter purpur-violett), 'Icterina' (Blätter gelb bis gelbgrün mit grünen Flecken in der Mitte), 'Rotmühle' (Blätter weiß-grün gezeichnet), 'Tricolor' (Blätter weiß-grün-purpur)
Ernte und Verwendung: Im April/Mai vor der Blüte das obere Drittel der Triebe, im Sommer und Herbst nur die Triebspitzen und junge Blätter. Alte Blätter sind ledrig und nur zum Mitkochen oder Dünsten geeignet. Salbei lässt sich gut trocknen, dazu einzelne Triebe aufhängen (keine Bündel) oder die Blätter einzeln auf Gitter oder einen mit Gaze bespannten Rahmen legen, bis sie »knistern«.

Gelbbunter Salbei 'Icterina'

Purpur-Salbei 'Purpurascens'

NASCHOBST IM HOCHBEET
Erdbeeren und Beerensträucher

Erdbeeren sind die ersten süßen Früchte im Garten, gefolgt von süßsauren Johannisbeeren, aromatischen Himbeeren und schmackhaften Heidelbeeren. Im Hochbeet können Sie im Vorbeigehen immer wieder Beeren naschen, und das von Mai bis September.

IM HOCHBEET gedeihen Erdbeeren hervorragend, denn hier bekommen sie alles, was sie zum Wachsen brauchen: humose Erde, Wärme, ausreichend Nährstoffe und Wasser. Dazu sind sie hier vor Schnecken zumindest etwas sicherer als im Grundbeet im Gemüsegarten.
Auch unter den Beerensträuchern gibt es eine große Auswahl an Arten und Sorten, die sehr gut im Hochbeet wachsen und eine reiche Ernte ermöglichen. Die stark wachsenden Arten wie Brombeere und Jostabeere sind selbst für große Hochbeete zu wuchernd, aber Himbeeren, Johannis- und Stachelbeere sowie Heidelbeeren sind perfekte Kandidaten für eine Naschobstplantage im Kleinformat.

Lange Ernte dank raffinierter Sortenwahl

Im Laufe der Jahrhunderte ist es Gärtnern gelungen, aus den ursprünglichen Wildarten eine Vielzahl unterschiedlicher Gartensorten zu züchten und zu selektieren. Diese unterscheiden sich nicht nur im Geschmack der Früchte oder der Wuchsform, sondern auch im Zeitpunkt der Reife. So reifen die Früchte der frühesten Johannisbeeren wie 'Jonkheer van Tets' schon um Johanni, also Ende Juni, gefolgt von mittelfrühen, mittelspäten und späten Sorten wie 'Rovada', deren Früchte erst Ende Juli bis in den August genussreif sind. Auch bei Erdbeeren, Schwarzen Johannisbeeren, Heidel- und Stachelbeeren können Sie die Ernte über einen Zeitraum von vier bis fast fünf Monaten ausdehnen, wenn Sie unterschiedliche Sorten wählen. Die hat einen weiteren Vorteil: Durch die gegenseitige Befruchtung werden mehr Früchte angesetzt, die sich besser entwickeln und größer werden. In den letzten Jahren traten weitere Aspekte bei der Züchtung neuer Sorten in den Vordergrund: Viele neue Sorten sind gegen Pilzkrankheiten wie den Amerikanischen Stachelbeermehltau unempfindlicher geworden. Achten Sie bei der Wahl also auf mehltauresistente Sorten. Viele ältere Sorten gehören dazu, aber auch einige neue Züchtungen.
Bei Stachelbeeren sollten Sie eher wenig bestachelte oder sogar stachellose Sorten wählen, denn diese lassen sich viel leichter schneiden, und auch die Beeren sind leichter zu pflücken.

Pflanzkombinationen

Beerensträucher sind Dauergäste im Hochbeet und können mehrere Jahre im Beet bleiben. In der Erde unter den Sträuchern können Sie, wenn Sie beim Thema Naschbeet bleiben möchten, ganz klassisch Erdbeeren setzen. Hübsch sind auch Hornveilchen, die unermüdlich blühen und den ganzen Sommer essbare Blüten liefern. Auch Ringelblumen, Frucht-Tagetes, Kapuzinerkresse und viele Gewürzkräuter liefern essbare Dekorationen für den Salat. Mit Blumen-Oregano und Duftnessel *(Agastache)* verschmelzen die Grenzen zwischen Zier- und Naschgarten sowieso.

Reife Erdbeeren hängen luftig über der Hochbeetkante, dahinter warten am Spalier gezogene Johannisbeeren darauf, geerntet zu werden.

PFLANZUNG & PFLEGE

Beerensträucher im Hochbeet

Beerensträucher können nicht nur im Garten, sondern auch im Hochbeet in unterschiedlichen Formen gezogen werden: entweder am Spalier in Fächerform mit mehreren Trieben, locker strauchig oder als kleiner Säulenbusch.

Erdbeeren und Himbeeren im Square Foot Garden (→ Seite 27) – reiche Ernte ist garantiert.

MIT ETWAS Pflege gedeihen Beerensträucher ganz hervorragend im Hochbeet und bringen reiche Ernte. Die richtige Düngung, regelmäßiges Auslichten und ein Verjüngungsschnitt sorgen dafür, dass Sie viele Jahre ernten können.

Hochstämmchen im Hochbeet

Johannis- und Stachelbeeren werden oft als Hochstämmchen angeboten. Im Garten und in einem großen Pflanzkübel sehen sie wirklich hübsch aus, besonders wenn Sie mit Sommerblumen oder Monatserdbeeren unterpflanzt sind. In einem Hochbeet, das höher als 80 cm ist, wird die Ernte und Pflege aber leicht zu einer »Streck-Tour«, denn die Krone befindet sich in luftiger Höhe über dem Kopf. Dazu kommt noch, dass Hochstämmchen immer einen Stützpfahl brauchen und nach acht bis zehn Jahren vergreist sind und nicht mehr viele Früchte tragen. Fazit: Ins Hochbeet setzen Sie besser Büsche.

Pflanzung

Da Beerensträucher viele Jahre im Hochbeet bleiben, brauchen Sie als Substrat eine strukturstabile Kübelpflanzenerde oder ein Dachgartensubstrat. Die beste Pflanzzeit ist im Herbst, etwa von September bis Oktober. Dann wachsen die Sträucher noch gut an und legen im Frühling ohne Verzögerung los.

- Containerpflanzen können Sie aber auch das ganze Jahr über pflanzen, solange der Boden nicht gefroren ist.
- Die Sträucher werden so gepflanzt, dass sie im Hochbeet später genauso tief stehen wie vorher im Topf.
- Schneiden Sie nach der Pflanzung störende Triebe, also alle dünnen und dürren, über Kreuz wachsende und beschädigte, mit einer scharfen Gartenschere ab. Für ein Spalier reichen drei, für einen Strauch drei bis fünf kräftige Triebe.
- Nach dem Pflanzen durchdringend angießen und in den ersten Wochen feucht halten.

Pflege

Beerensträucher sind nicht besonders anspruchsvoll. Im April sorgt eine Gabe reifen Komposts, vermischt mit ein paar Hornspänen, oder ein spezieller Beerendünger für den nötigen Nährstoffvorrat

Praxistipp

Johannis- und Stachelbeeren lassen sich auch an einem Spalier erziehen. Wählen Sie dazu nach der Pflanzung drei bis fünf kräftige, gerade Triebe aus, die mit Bindeschnur an ein Kletterspalier oder an Spanndrähte fächerförmig angebunden werden. Die Drähte können Sie zwischen zwei Pfosten spannen, die in den Ecken des Hochbeets fixiert werden. Ein Abstand von 40–50 cm zwischen den Drähten reicht aus. Nach der Ernte werden die langen Neutriebe ebenfalls angebunden und leicht eingekürzt.

für die kommende Saison. Nach dem Düngen gut wässern. Da sich die Wurzeln der Beerensträucher nur flach unter der Erdoberfläche ausbreiten, dürfen sie nicht austrocknen. Achten Sie besonders während der Fruchtbildung auf eine gleichmäßige Bodenfeuchtigkeit. Ein Wechsel von feuchten und trockenen Perioden im Frühjahr kann dazu führen, dass ein Teil der unreifen Früchte abgeworfen wird. Sorgen Sie für eine Mulchschicht aus Rindenhumus oder Kompost. Sie hält die Feuchtigkeit länger an den Wurzeln und schützt die Wurzeln zudem im Winter vor Frost.

Schnitt

Alle Beerensträucher brauchen einen regelmäßigen Auslichtungs- und Verjüngungsschnitt, damit sie reich tragen. Am einfachsten schneidet man sie nach der Ernte. Die langen Neutriebe werden etwa um 5–10 cm eingekürzt, ebenso die Seitentriebe. Störende Triebe werden ganz entfernt. Etwa vier bis fünf Jahre nach der Pflanzung beginnen Sie mit der Verjüngung: Schneiden Sie dicke alte Triebe direkt an der Basis knapp über der Erdoberfläche aus. Sie werden durch Jungtriebe ersetzt.

Schutz vor Vögeln

Süße Beeren sind bei vielen Gartenbewohnern beliebt, besonders bei Amseln und Drosseln. Wenn Sie Ihre Ernte nicht teilen – oder überhaupt etwas ernten – möchten, sollten die Sträucher rechtzeitig mit einem Vogelschutznetz abgedeckt werden.

Besonderheit Himbeeren

Himbeeren brauchen eine humusreiche und vor allem leicht saure Erde. Für ein normal hohes Hochbeet werden sie fast zu groß und ausladend, aber in einem Kastenbeet mit einer 20–30 cm hohen Beeteinfassung kommen sie groß raus. Wenn der Standort dann noch sonnig bis halbschattig ist, steht einer reichen Ernte nichts im Wege.
Bei Himbeeren unterscheidet man zwei Wuchstypen. Sommerhimbeeren tragen ihre Früchte an den jungen Trieben des Vorjahrs. Man schneidet diese Triebe daher nach der Ernte bis knapp über den Boden zurück. Die hellgrünen Triebe, die daneben gewachsen sind, bleiben stehen – sie fruchten im nächsten Jahr. Eine Kompostgabe nach dem Schnitt fördert das Ausreifen der Neutriebe bis zum Herbst. Gute Sorten sind 'Willamette', 'Gelbe Antwerpener' und 'Meeker'.
Herbsthimbeeren fruchten erst im Spätsommer bis in den Oktober an den Trieben, die im selben Jahr gebildet wurden. Bei ihnen werden alle Triebe nach der Ernte knapp über dem Boden gekappt. Gute Sorten sind 'Himbo Top' und 'Autumn Bliss'.

Johannisbeeren gedeihen gut in großen Pflanzkübeln oder im Hochbeet auf der Terrasse.

Erdbeere

Fragaria × ananassa, F. vesca

Pflanzabstand: 50 × 25 cm

Nährstoffbedarf: mittel
Pflanzsubstrat: Pflanzerde oder Kompost-Erde
Pflanzung: einmal tragende Sorten und wurzelnackte Jungpflanzen Anfang August bis September, mehrmals tragende Sorten und Topfpflanzen auch im April
Kulturdauer: maximal drei Jahre
Beetpartner: Knoblauch und Borretsch

Gartenerdbeeren *(Fragaria × ananassa)* sind eine Kreuzung aus der Chile-Erdbeere und der nordamerikanischen Scharlacherdbeere. Sie haben große, süße Früchte und bilden lange Ausläufer, an denen neue Tochterpflanzen entstehen. Die Früchte der heimischen Walderdbeere *(Fragaria vesca)* sind kleiner und haben ein ganz eigenes Aroma. Leider halten sie sich nicht so lange wie Gartenerdbeeren. Monatserdbeeren *(Fragaria vesca* var. *semperflorens)* sind eine botanische Form der Walderdbeere, die keine Ausläufer bildet und etwas größere, aber genauso aromatische Früchte trägt.

Erdbeeren im Hochbeet

Bei Erdbeeren lässt sich die Erntezeit durch die Wahl der Sorten über viele Monate verlängern, besonders wenn man zusätzlich mehrmals tragende Sorten pflanzt. Mehrmals tragende Erdbeeren fruchten ab Juni und setzen bis zum ersten Frost immer neue Früchte an.
Viele Erdbeersorten sind zwar selbstfruchtbar, der Fruchtansatz ist aber bei allen besser und die Früchte werden größer, wenn Sie mehrere Sorten zusammenpflanzen, die sich gegenseitig befruchten. Die Blüten mancher Sorten wie der bekannten 'Mieze Schindler' bilden gar keine Staubgefäße mit Pollen aus und brauchen auf jeden Fall eine zweite Sorte als Bestäuber – sonst blühen die Pflanzen zwar reichlich, setzen aber keine Früchte an.

Anbau/Pflege: Erdbeeren werden im Sommer bis September gepflanzt, da sie im Herbst die Blütenanlagen für das kommende Jahr bilden. Später gepflanzte Exemplare wurzeln sich vor dem Winter nur schlecht ein und erfrieren meist. Für die Pflanzung im Frühjahr (April) zur Ernte im selben Jahr eignen sich nur mehrmals tragende Sorten und sogenannte Frigo-Pflanzen (→ Seite 127, Tipp).
Wenn Sie Erdbeer-Jungpflanzen im Versandhandel oder im Internet bestellt haben, sollten Sie sie gleich nach Erhalt auspacken und pflanzen. Lassen Sie sich von der geringen Größe der Pflänzchen nicht verleiten, zu dicht zu pflanzen – sechs Pflanzen pro Quadratmeter reichen aus. Gesunde und qualitativ hochwertige Jungpflanzen erkennen Sie an der dicken, festen Herzknospe, mindestens drei gesunden Laubblättern und einem kompakten Wurzelballen. Setzen Sie die Erdbeerpflanzen nur so tief in den Boden, dass das Herz der Pflanze über der Erd- oder Substratoberfläche liegt. Zu tief gepflanzte Erdbeeren verfaulen. Bis die Pflanzen ausgewachsen sind, können Sie Schnittsalat, Feldsalat oder Spinat zwischen die Erdbeeren aussäen, um den Platz im Beet optimal auszunutzen.
Gegen Amseln und Drosseln, die sich über die reifen Früchte hermachen, hilft nur eine Überspannung des Hochbeets mit einem Netz. Am einfachsten funktioniert eine Konstruktion aus Rundbögen oder ein »Käfig« aus Holzlatten, über die das Netz

Gartenerdbeere

Walderdbeere

gelegt wird. Das Netz sollte von der einen oder beiden Seiten angehoben werden können, damit man die Pflanzen zum Gießen und Ernten gut erreicht. Sobald sich die ersten Früchte zeigen, sorgt eine Schicht aus Stroh dafür, dass die Erdbeeren nicht direkt auf der feuchten Erde liegen – sie faulen leicht oder werden von Grauschimmel befallen. Entfernen Sie bei einmal tragenden Erdbeeren nach der Ernte die äußeren, fleckigen Blätter und alle Ausläufer, dann gibt es eine Düngergabe in Form von Kompost, damit die Pflanzen für das nächste Jahr viele Blütenknospenansätze bilden können. Die Ausläufer können Sie zur Vermehrung verwenden: Setzen Sie sie einfach in kleine Töpfchen oder ins Beet. Gut feucht, aber nicht nass halten, bis sie sich bewurzelt haben. Mehrmals tragende Erdbeeren brauchen ebenfalls Anfang Juli und ein zweites Mal im September eine Portion Beerendünger oder Kompost. Nach drei, spätestens nach fünf Jahren sind die Erdbeerpflanzen so alt, dass der Anbau nicht mehr lohnt und sie durch neue Jungpflanzen ersetzt werden sollten. Wenn Sie im selben Hochbeet wieder Erdbeeren pflanzen möchten, sollten Sie die obersten 30 cm Erde austauschen, sonst kann es zu Wurzelkrankheiten kommen.

Schädlinge und Krankheiten: Grauschimmel, Schnecken, Erdbeerblütenstecher, Vögel

Gute Sorten: Gartenerdbeeren: frühe Sorten: ‘Lambada’, ‘Wädenswil 6’; mittelfrüh: ‘Mieze Nova’, ‘Senga Sengana Selektion’, ‘Korona’; spät: ‘Pegasus’; mehrmals tragende Gartenerdbeeren: ‘Rimona’, ‘Mara de Bois’, ‘Merosa’, ‘Mountainstar’. Walderdbeeren: ‘Adriana’; Monatserdbeere: ‘Alexandria’, ‘Rügen’

Ernte und Verwendung: Erdbeeren werden geerntet, sobald sie an der Pflanze ausgereift sind. Noch grüne oder weiße Früchte reifen im Gegensatz zu anderen Obstsorten nicht nach und bleiben hart und fade. Erdbeeren verlieren beim Lagern, vor allem im Kühlschrank, schnell ihr Aroma, daher sollten Sie sie entweder sofort verzehren oder zu Marmelade, Konfitüre oder Gelee verarbeiten. Erdbeeren lassen sich auch sehr gut einfrieren – als ganze Früchte oder püriert in kleinen Gefrierbeuteln portioniert.

Praxistipp

Wer die Erdbeerernte verlängern möchte, greift am besten zu »Frigo«-Pflanzen, das sind Erdbeersetzlinge, die im November gerodet wurden und bis zur Pflanzung ab Mai bei −2 °C in einem künstlichen Winterschlaf gehalten werden. Ziemlich genau neun Wochen nach der Pflanzung kann geerntet werden, also dann, wenn die normal gepflanzten Erdbeeren langsam aufhören, Früchte zu tragen. Mit von Mai bis Juli gepflanzten Frigo-Erdbeeren können Sie bis in den September hinein Erdbeeren ernten.

Rote Johannisbeere 'Jonkheer van Tets'

Schwarze Johannisbeere 'Lissil'

Johannisbeere

Ribes rubrum, Ribes nigrum

Pflanzabstand: 1,3–1,8 m

Nährstoffbedarf: mittel
Pflanzsubstrat: Kübelpflanzenerde, Dachgartensubstrat
Pflanzung: Oktober bis November, Containerpflanzen das ganze Jahr bei frostfreiem Wetter
Kulturdauer: 15–20 Jahre
Beetpartner: Beerensträucher

Johannisbeere, Ribisl oder Träuble – je nach Region tragen diese süßsäuerlichen Beeren andere Namen. Rote und Weiße Johannisbeeren gehören zur selben Art: *Ribes rubrum.* Die Schwarze Johannisbeere ist dagegen die Art *R. nigrum.* Beide Arten sind selbstfruchtbar, Fruchtansatz und Fruchtgröße ist jedoch besser, wenn Sie zwei oder mehr Sorten nebeneinanderpflanzen. Außerdem verlängern Sie den Erntezeitraum von Ende Juni (frühe) über Juli (mittelfrühe) bis in den August (späte Sorten).

Anbau/Pflege: Pflanzen Sie junge Sträucher im Herbst, dann wachsen sie am besten an. Da sie nur flach wurzeln, muss bei Trockenheit regelmäßig gegossen werden. Im Hochbeet ist ein absonniger oder halbschattiger Standort besser als ein vollsonniger, da Johannisbeeren Hitze nicht so gut vertragen. Im Frühjahr pro Strauch Beerendünger oder ein paar Handvoll Kompost geben. Ab Juli nicht mehr düngen, damit die Triebe ausreifen können. Wenn Johannisbeeren »verrieseln«, also im Frühjahr unreife grüne Früchte abwerfen, liegt das meist an kalten Nächten, nasskaltem Wetter und/oder Trockenheit. Auch Sträucher, die viele Seitentriebe haben, neigen dazu, einen Teil der Beeren vorzeitig abzuwerfen. Nach der Ernte oder im Frühjahr im März zu eng stehende, über Kreuz wachsende Zweige sowie Triebe, die älter als drei bis vier Jahre sind, herausschneiden. Im Oktober mit Kompost oder Rindenhumus mulchen, um die Wurzeln vor Frost zu schützen.
Schädlinge und Krankheiten: Johannisbeer-Blasenlaus, Johannisbeergallmücke, Rostpilze
Gute Sorten: Rote Johannisbeere: 'Jonkheer van Tets' (früh), 'Rolan' (mittel), 'Rovada' (spät); Weiße Johannisbeere: 'Blanka' (mittelfrüh), 'Weiße Versailler' (mittel); Schwarze Johannisbeere: 'Ceres' (früh), 'Cheresneva', 'Lissil' (mittel), 'Titania' (spät)
Ernte und Verwendung: Johannisbeeren schmecken frisch recht sauer, daher sollte man sie vor dem Verzehr mit Stevia oder Zucker süßen. Ideal für Marmelade, Konfitüre und zum Backen.

Heidelbeere

Vaccinium corymbosum ☼ ◑

Pflanzabstand: 1–1,50 m

Anbau/Pflege: Heidel- oder Blaubeeren verlangen einen sauren Boden und vertragen keinen Kalk. Setzen Sie sie im Hochbeet daher in Rhododendron- oder Moorbeeterde. Pflanzen Sie mehrere Sorten, dann können Sie von Juli bis September ernten. Da Heidelbeeren nur flach wurzeln, regelmäßig, im Sommer bei Trockenheit täglich, gießen. Im Frühjahr mit einem speziellen Beerendünger düngen. Nach der Ernte können Triebe, die älter als drei bis vier Jahre sind, ausgelichtet werden.
Schädlinge und Krankheiten: Vögel
Gute Sorten: früh: 'Earlyblue', 'Patriot'; mittelfrüh: 'Bluecrop', 'Poppins'; spät: 'Elisabeth'
Ernte und Verwendung: Heidelbeeren reifen nicht gleichzeitig, daher regelmäßig durchpflücken. Im Kühlschrank halten sie sich etwa eine Woche. Für Kuchen, zum Einmachen und zum Frischverzehr.

Stachelbeere

Ribes uva-crispa ☼ ◑

Pflanzabstand: 1–1,30 m

Anbau/Pflege: Für den Anbau im Hochbeet eignen sich stachellose oder -arme Sorten am besten. Pflanzung am besten im Herbst, aber auch im Frühjahr und Sommer möglich. Zur besseren Befruchtung immer zwei Sorten pflanzen. Mittagssonne vermeiden, da die Früchte dann einen Sonnenbrand bekommen. Im Frühjahr düngen und nach der Ernte auslichten und ältere Triebe abschneiden (→ Seite 125).
Schädlinge und Krankheiten: Stachelbeermehltau, Johannisbeer-Säulenrost
Gute Sorten: 'Früheste Gelbe', 'Redeva', 'Easycrisp'
Ernte und Verwendung: Alle zwei bis drei Tage vollreife Früchte durchpflücken. Stachelbeeren halten sich nicht lange, daher rasch verbrauchen. Zum Frischverzehr, für Marmeladen und Kompott.

STAUDEN & SOMMERBLUMEN

Farbenpracht das ganze Jahr

Wem Gemüse und Kräuter zu »grün« sind, wird mit Stauden, Sommerblumen und Zwiebelblumen im Hochbeet sein »buntes« Wunder erleben. Sommerblumen bringen für eine Saison Farbe ins Beet, Stauden sind langlebiger und wachsen viele Jahre im Hochbeet.

BLUMEN IM Hochbeet leuchten auf Augenhöhe dem Betrachter entgegen. Sie sind ideal, wenn man nicht so viel Zeit zum Gießen hat, denn die meisten sind denkbar pflegeleicht.

Pflegeleichte Sommerblumen

Sommerblumen blühen ununterbrochen von Mai/Juni bis zum Frost. Wenn Sie im Herbst Hornveilchen – sie sind viel eleganter als die etwas kitschigen Stiefmütterchen – und Goldlack pflanzen, kommen Sie schon im Februar/März an den ersten Sonnentagen in den Genuss bunter Blüten. Ab Frühling übernimmt dann die Schar der Einjährigen wie Schmuckkörbchen, Kalifornischer Goldmohn, Kapsonnenblumen, Spinnenblume und Ziertabak das Feld. Kaufen Sie keine »Wiesenblumen-Mischungen« zum Aussäen, denn diese enthalten sehr viele Grassamen.

Dauerhafte Blütenpracht

Stauden sind ausdauernde Pflanzen, die jedes Jahr im Frühjahr neu austreiben. Wuchsformen, -höhen und Blütezeiten sind so vielseitig wie die Anzahl der Arten, Sorten und Züchtungen. Für jeden Standort, ob sonnig, halbschattig oder schattig, trocken, feucht oder nass gibt es passende Arten. Ein Blick in die Kataloge oder Online-Shops spezialisierter Staudengärtnereien (→ Seite 138, Adressen) lohnt sich, denn das Standardangebot im Gartencenter umfasst nur einen Bruchteil der Vielfalt, die im Garten und auch im Hochbeet gepflanzt werden kann. Außerdem verschicken verantwortungsbewusste Gärtner die Pflanzen nur zu den optimalen Pflanzterminen und nicht, wenn sie prächtig aussehen. Üppig blühende Stauden in großen Töpfen oder Pflanzcontainern verführen im Gartencenter zum Spontankauf. Sie wachsen aber nicht so gut an, denn die Pflanze ist zu diesem Zeitpunkt auf »Blühen« und nicht auf »Wurzeln bilden« programmiert.

Zwiebelblumen: bunte Frühlingsboten

Damit Sie schon ab März/April in den Genuss bunter Blüten kommen können, sollten Sie im September/Oktober Blumenzwiebeln stecken. abgeblühte Topf-Krokusse oder -Narzissen, die zu Ostern als Tischdeko gedient haben, finden nach der Blüte ebenfalls einen Platz im Hochbeet.

Blumen und Gemüse mischen

Warum Zier- und Nutzgarten trennen? Viele Gemüse wie Salate oder Mangold haben bunte Blätter, und bei den Kräuter warten etliche mit einer Blütenpracht auf, die sich mit jeder Staude messen kann. Auch unter Tomaten macht sich eine Saatmischung aus niedrigen Sommerblumen wie Duftsteinrich, Hornveilchen und Lobelien gut. Probieren Sie einfach aus, was Ihnen gefällt!

Das kräftige Pink des Hochbeets bietet den passenden Rahmen für farbkräftige Stauden, Zwiebel- und Sommerblumen.

BLUMEN & BLÜTEN
Für einen Sommer oder viele Jahre

Ob sonniges Kiesgarten-Hochbeet, schattige Farn-Oase oder bunte Blumenwiese: Die Vielfalt an Sommerblumen, Stauden, Gräsern und Zwiebelblumen lässt keine Wünsche offen. Für jeden Geschmack ist etwas dabei.

Schattenbepflanzung mit Schaumblüte, Katzenminze, Seggen und Storchschnabel

BLUMEN-HOCHBEETE MIT einer Dauerbepflanzung brauchen eine Dränage aus Kies und ein Substrat, das sich nur langsam zersetzt. Prachtstauden und viele Sommerblumen brauchen viel Wasser und Dünger, sie wachsen am besten in einer nährstoffreichen Kübelpflanzenerde. Arten, die in der Natur eher auf sandig-kiesigen Böden stehen, gedeihen in einem mageren Dachgartensubstrat oder einer Mischung aus Kübelpflanzenerde mit Sand besser. Die meisten Schattenstauden lieben feuchte, humose Pflanzerde.

Stauden und Gräser

Die beste Pflanzzeit für die meisten Stauden und Gräser ist der Herbst. Wenn die Pflanzen im September ins Beet kommen, können sie noch Wurzeln bilden, bevor sie in die Winterruhe gehen. Im Frühling treiben sie dann zeitig aus und blühen üppiger als im Frühling gepflanzte, die ihre Energie erst einmal zum Anwachsen benötigen. Das gilt besonders für Pfingstrosen, deren zarte Frühlingstriebe leicht brechen und daher im Frühjahr gar nicht verschickt werden können. Den meisten Stauden reicht eine Gabe Kompost mit Hornspänen als Dünger im Frühjahr aus. Lediglich Prachtstauden wie Margeriten, Hoher Rittersporn oder Sonnenhut vertragen im Juli eine zweite Gabe. Lassen Sie abgeblühte Triebe und Stängel stehen – sie dienen vielen Kleintieren als Winterquartier. Spätestens im Februar, vor dem Neuaustrieb, kann man sie dann abschneiden und kompostieren.

Zwiebelblumen

Tulpen, Narzissen, Hyazinthen, Schneeglöckchen, Krokusse und Winterlinge, Strahlenanemonen und Märzenbecher – die Liste der Frühlingsboten ist lang. Alle Zwiebelblumen, die im Frühling oder Frühsommer blühen, werden im Herbst in den Boden gesteckt, und zwar dreimal so tief wie die Zwiebeln dick sind. Winterlinge *(Eranthis)* und Strahlenanemone *(Anemone blanda)* wachsen schneller an, wenn Sie die kleinen braunen Knollen vor dem Pflanzen über Nacht in Wasser einweichen. Achten Sie beim Einsetzen der Zwiebeln, dass die richtige Seite nach oben zeigt – bei den meisten ist dies leicht zu erkennen: die Spitze ist oben, an der Unterseite sitzen noch ein paar alte Wurzelreste. Bei Alpenveilchen *(Cyclamen)* wachsen die Wurzeln auch auf der Oberseite der Knolle heraus. Schneeglöckchenzwiebeln trocknen schnell aus, deshalb pflanzt man sie besser während oder kurz nach der Blüte. Tulpenzwiebeln haben eine flache und eine gewölbte Seite. An der flachen Seite erscheint das erste große Laubblatt. Wenn Sie die Zwiebeln an den Rand des Hochbeets stecken, sollte diese flache Seite nach außen weisen, dann hängen die Blüten später nicht über den Rand und knicken nicht ab. Nach der Blüte brauchen Zwiebelblumen eine kräftige Düngergabe, damit sie für das nächste Jahr neue Knospen ansetzen können. Schneiden Sie die Blätter nicht ab, sie sollen sich von alleine zurückziehen und ihre Energiereserven für das nächste Jahr in der Zwiebel einlagern.

Aus Ziegeln gemauertes Hochbeet mit rosa Bartfaden, Reitgras und Kräutern.

Einjährige und Sommerblumen

Ungeduldige kaufen im Frühling vorgezogene Sommerblumen in sogenannten Miniplugs mit kleinem Wurzelballen, die ab Mitte/Ende April ins Hochbeet kommen. So gepflanzte Kosmeen, Ziertabakpflanzen oder Spinnenblumen blühen bereits im Juni. Wer etwas mehr Geduld hat, sät je nach Wetter im März/April, wenn keine Kälte mehr droht, und kann sich wenige Wochen später an den ersten Blüten erfreuen. Fertige Saatgutmischungen sind so zusammengestellt, dass sie frühe und späte Blüher, hohe und niedrige Arten enthalten.

Sommerblumenwiesen im Hochbeet

Mit Sommerblumen-Mischungen für den Balkonkasten holen Sie sich die ganze Gartensaison Farbe ins Hochbeet. Statt einzelne Arten anzupflanzen, ist es einfacher, fertige Mischungen zu säen. Diese sind so zusammengestellt, dass Sie eine lange Blütezeit haben. Viele haben ein zusätzliches Thema wie »Duft« oder »Schmetterlingsmagnet« und bringen nicht nur Farbe, sondern auch Leben in den Garten. Die vielfältigen Blüten und Kräuter locken zahlreiche Insekten an, unter ihnen viele Nützlinge wie Schwebfliegen, Marienkäfer und Florfliegen – deren Larven sich über die Blattläuse am benachbarten Salat hermachen. Sommerblumen brauchen kaum Pflege und kommen (fast) ohne Gießen aus.

KRANKHEITEN & SCHÄDLINGE

Schnelle Hilfe bei Problemen

Auch bei guter Pflege, regelmäßiger Bewässerung und ausreichender Nährstoffversorgung kann es im Hochbeet zu einem Befall mit Krankheiten und Schädlingen kommen. Die meisten können Sie mit biologischen Methoden in Schach halten.

↑ *Kraut- und Braunfäule tritt im Hochbeet seltener auf, wenn die Tomaten in Pflanzerde wachsen. Um eine Infektion mit diesem Pilz zu vermeiden, bringen Sie ein Dach über den Pflanzen an. Pflanzen Sie resistente Sorten.*

Erdflöhe sind kleine, nur 1,5–3 mm große Käfer mit glänzenden Flügeldecken, die an den Blättern von Kohlrabi, Kohl, Rettichen und Rucola fressen. Sie hinterlassen kleine Löcher oder eingesunkene Schadstellen. Da sie trockenen Boden bevorzugen, sollten Sie auf eine gleichmäßige Bodenfeuchtigkeit achten. Zusätzlich Spinat und Salat zwischen den Kohl setzen. →

← *Kohlweißlinge sind weiß-schwarze Schmetterlinge. Ihre Raupen können in kurzer Zeit ganze Salatköpfe kahl fressen. Kontrollieren Sie die Pflanzen regelmäßig, sammeln Sie Eigelege und Raupen ab, oder überspannen Sie das Hochbeet mit einem feinen Netz.*

Blattläuse können, wenn sie in Massen auftreten, Triebverkrüppelungen verursachen. Eine Spritzung mit Kaliseifenpräparaten oder eine Abdeckung des Hochbeets mit einem Kulturschutznetz hilft. ↓

← *Gemüsefliegen legen ihre Eier an die Wurzelbasis von Möhren, Pastinaken, Zwiebeln, Lauch und allen Kohl-Arten ab. Bei Kohl hilft ein Kohlfliegenkragen, der um die Jungpflanzen gelegt wird, alle anderen Gemüse deckt man mit Kulturschutznetzen ab.*

← **Falscher Mehltau** befällt viele Gemüse und verursacht braun-gelbe Flecken auf der Blattoberseite, unterseits sind die Blätter mit einem grauen Belag überzogen. Spritzen Sie eine Milch-Wasser-Brühe (1:9).

Echter Mehltau zeigt sich bei trocken-warmem Wetter als grau-weißer Belag auf der Blattoberseite und den Trieben vieler Gemüsearten. Nicht zu stickstoffbetont düngen und Pflanzenstärkungsmittel spritzen. →

↑ **Erbsenwickler** sind die Larven eines Kleinschmetterlings, die sich in die Hülsen der Erbsen bohren. Hülsen mit Bohrloch entfernen. Früh gesäte oder vorgezogen gepflanzte Erbsen sind weniger anfällig.

← **Spinnmilben** befallen vor allem bei heißem, trockenem Wetter Bohnen und Gurken. Besprühen Sie die Blätter bei warmem Wetter in den frühen Morgenstunden. Im Hochsommer können Sie auch Raubmilben als Nützlinge einsetzen, die Sie im Internet oder im Gartencenter bestellen können.

↑ **Grauschimmel an Erdbeeren** tritt besonders bei kaltem, feuchtem Wetter auf. Eine 5 cm dicke Strohschicht verhindert, dass die Beeren auf der feuchten Erde liegen. Regelmäßig ernten, damit sich die Pilze nicht ausbreiten.

← **Mehltau an Stachelbeeren** befällt Blätter, Triebe und leider auch die Früchte. Achten Sie beim Pflanzenkauf auf resistente Sorten. Auch eine Spritzung mit Netzschwefelpräparaten ist möglich.

Johannisbeergallmücken verursachen blasige Ausbuchtungen und Kräuselungen an den Blättern. Schneiden Sie befallene Triebe ab. Zusätzlich prophylaktisch mit einer Brühe aus Rainfarntee spritzen. Dazu 100 g frischen Rainfarn in 1 l Wasser geben und 24 Stunden ziehen lassen, die Pflanze tropfnass spritzen. →

MISCHKULTUR

Bunt gemischt wachsen Pflanzen besser

Viele Pflanzen fördern sich gegenseitig im Wachstum oder wirken auf Schädlinge abwehrend. Es gibt aber auch Pflanzenkombinationen, die man vermeiden sollte, da sie für einen oder beide Beetnachbarn ungünstig sind.

PFLANZENART	GUTE NACHBARN	SCHLECHTE NACHBARN	BEMERKUNG
Asia-Salate	Bohne, Erbse, Salat, Spinat, Tomate, Mangold, Möhre	Erdbeere, Knoblauch, Kohlrabi, Brokkoli, Zwiebel	mit Schnittsalat mischen
Aubergine	Kohlrabi, Radieschen, Spinat	Brokkoli, Blumenkohl, Erbse, Gurke	
Basilikum	Tomate	–	Basilikum lockt Bestäuber an
Blumenkohl	Salat, Erbse, Bohne, Tomate, Sellerie, Mangold, Möhre	Erdbeere, Knoblauch, Kohlrabi, Zwiebel	danach Feldsalat säen
Bohne	Salat, Erdbeere, Brokkoli, Blumenkohl, Asia-Salate, Mangold, Radieschen, Rote Bete, Dill, Erdbeere, Bohnenkraut	Fenchel, Knoblauch, Lauch, Zwiebel, Erbse	gute Vorkultur für alle Kohl-Arten, Zucchini, Kürbis; Bohnenkraut hält Blattläuse fern
Brokkoli	Salat, Erbse, Bohne, Tomate, Sellerie, Fenchel	Erdbeere, Knoblauch, Kohlrabi, Zwiebel	bei der Pflanzung Schnittsalat als Lückenfüller säen
Dill	Bohne, Erbse, Kohl-Arten, Möhre, Salat, Rote Bete	–	fördert die Keimrate bei Möhren
Erbse	Kohlrabi, Salat, Rettich, Radieschen, Fenchel, Möhre, Pastinake, Wurzelpetersilie	Bohne, Knoblauch, Kohl, Lauch, Tomate, Zwiebel	gute Vorkultur für alle Kohl-Arten, Zucchini, Kürbis
Erdbeere	Borretsch, Knoblauch	Kohl-Arten	
Feldsalat	Kohl, Porree, Tomate	–	
Fenchel	Gurke, Erbse, Salat, Endivie, Radicchio	Bohne, Radieschen, Rettich, Tomate	
Gurke	Bohne, Erbse, Fenchel, Knoblauch, Kohl, Salat, Zwiebel	Tomate, Radieschen, Rettich	danach Spinat anbauen

PFLANZENART	GUTE NACHBARN	SCHLECHTE NACHBARN	BEMERKUNG
Knoblauch	Erdbeere, Gurke, Möhre, Rote Bete, Tomate	Bohne, Erbse, Kohl	
Kohlrabi	Bohne, Erbse, Salat, Spinat, Tomate, Mangold, Möhre	Brokkoli, Blumenkohl, Asia-Salate, Rucola	
Kürbis	Bohne, Kopfsalat, Zwiebel	–	
Mangold	Blumenkohl, Kohlrabi, Brokkoli	–	
Möhre	Dill, Erbse, Porree, Mangold, Endivie, Radicchio	Rote Bete	späte Möhren nicht mit Zwiebeln
Paprika und Peperoni (Chili)	Basilikum, Tomate, Kohlrabi, Blumenkohl, Brokkoli, Salat, Knoblauch	Erbsen, Fenchel, Rote Bete	davor Radieschen und Salat säen bzw. pflanzen
Pastinake	Dill, Erbse, Porree, Mangold, Endivie, Radicchio	Rote Bete	
Petersilie	Rettich, Tomate, Erdbeere, Zucchini	Salat, Sellerie	
Porree (Lauch)	Blumenkohl, Brokkoli, Fenchel, Kohlrabi, Mangold, Tomate	Bohne, Erbse, Rote Bete, Sellerie	
Rettich	Blumenkohl, Brokkoli, Bohne, Salat, Mangold, Möhre	Fenchel	
Rote Bete	Blumenkohl, Brokkoli, Bohne, Gurke, Kohlrabi, Salat	Möhre, Sellerie, Mangold, Spinat	davor Kohlrabi oder Salat anbauen
SALATE:			
Endivie, Radicchio	Fenchel, Kopfsalat, Möhre, Tomate, Zwiebel	–	
Kopf-, Pflück- und Schnittsalat	fast alle Gartengemüse	Petersilie, Sellerie	Kerbel vertreibt Blattläuse und Ameisen
Schnittlauch	Möhre, Pastinake, Rote Bete, Salat	Lauch, Bohne	nicht mit späten Möhren anbauen
Sellerie	Bohne, Brokkoli, Porree, Tomate	Salat	
Spinat	Kohl-Arten, Radieschen, Tomate	Rote Bete	
Tomate	Basilikum, Petersilie, Sellerie, Ringelblume, Tagetes	Brokkoli, Blumenkohl, Erbse, Gurke	davor Spinat anbauen
Wurzelpetersilie	Dill, Erbse, Porree, Mangold, Endivie, Radicchio	Sellerie	
Zucchini	Bohne, Erbse, Salat, Zwiebel	–	
Zwiebel, Schalotte	Möhre, Pastinake, Rote Bete, Salat	Lauch, Bohnen	nicht mit späten Möhren anbauen

BEZUGSQUELLEN

Hochbeete

Hochbeete aus Holz

Manfred Stiebler
Josef-Welte-Straße 2
78183 Hüfingen
www.stima-hochbeet.de

Gartenfrosch GmbH
Bierweg 1a
86492 Egling a. d. Paar
www.gartenfrosch.com

Geflecht³
Bachstr. 4a
82436 Eglfing
www.geflechthochdrei.de

Hochbeete Kuchler
Kleinser Berg 1
88484 Gutenzell
www.hochbeet-huchler.de

hortico – Design & Garten
Eschenbach 133
91224 Pommelsbrunn
www.hortico.de

Schweinschwaller GmbH
Troestlberg 35
A-4431 Haidershofen
www.hochbeet.co.at

GFP Handels GmbH
Simbach 11
A-4070 Fraham
www.gfp-international.com

WG-Holzideen
Riegerting 4c
A-4941 Mettmach
www.wg-holzideen.at

Bauer Holz
Winterleiten 22
A-9463 Reichenfels
www.bauer-holz.at

Hochbeete aus Metall

gartensilber
Schloßstraße 9
88453 Erolzheim
www.gartensilber.de

Buttazoni GmbH
Oberboden 6
A-9562 Himmelberg
www.hochbeet.com

Hochbeete aus Rohstahl

Thumm Technologie GmbH
In der Au 14
72622 Nürtingen
www.gartenmetall.de

ums Unterrainer Metallgestaltung
Schlosserei GmbH
Mühlenweg 5
83416 Saaldorf-Surheim
www.ums-metall.de

manufaktur Scheibinger
Waldstraße 18a
93161 Sinzing
www.manufaktur-
scheibinger.de

Gabionen-Hochbeete

Ibendahl & Thomsen GmbH
Dorfstraße 2
24879 Idstedt
www.gabiona.de

Hochbeete aus Stein

Gerwing Steinwerke GmbH
Industriestr. 52
49451 Holdorf
www.gerwing.de

Gemüse-Saatgut

Gustav Schlüter GmbH
Bahnhofstraße 5
25335 Bokholt-Hanredder
www.garten-schlueter.de

Dreschflegel GbR
In der Aue 31
37213 Witzenhausen
www.dreschflegel-saatgut.de

Bingenheimer Saatgut AG
Kronstraße 24
61209 Echzell
www.bingenheimersaatgut.de

Kräuter

Rühlemanns Kräuter
& Duftpflanzen
Auf dem Berg 2
27367 Horstedt
www.kraeuter-und-duftpflanzen.
de

herbs Bioland Gärtnerei
& Pflanzenversand
Herbert Vinken
Stedinger Weg 16
27801 Dötlingen OT Nuttel
www.herb-s.de

Syringa Duftpflanzen & Kräuter
Bachstraße 7
78247 Binningen
www.syringa-pflanzen.de

REGISTER

Halbfett gesetzte Seitenzahlen verweisen auf Abbildungen

A

B

C

D

E

F

BILDNACHWEIS

Cover (U1): **Kristijan Matic** (Foto) und **Maria Noblé** (Illustration)

Borkowski, Elke: 11-2, 12, 15-2, 21-1, 25-1, 37, 64, 67, 112, 127-1;/**RHS Chelsea Flower Show 2012:** U4-3; **Borstell, Ursel:** 92-1; **Depositphotos/DLeonis:** 105-2; **Flora Press/BIOSPHOTO/NouN:** 95-2;/**gartenfoto.at:** 063-1;/**GWI:** 15-1, 109-2;/**Helga Noack:** 38;/**MAP:** 33;/**Meyer-Rebentisch:** 14-2;/**The Garden Collection/Nicola Stocken Tomkins:** 14-1;/**Torie Chugg:**131; **Fotolia/PHILETDOM:** 107-2;/**uckyo:** 90-2; **GAP Photos:** 9, 26, 57-3, 76, 108-1;/**BBC Magazines Ltd:** 95-1;/**Heather Edwards:** 24-1, 91-1;/**Andrea Jones:** 113-1;/**Brian North:** 123;/**FhF Greenmedia:** 19-2;/**Fiona Lea:** 97-2;/**Gary Smith:** 56;/**Hanneke Reijbroe:** 18, 62;/**Heather Edwards:** 27;/**Howard Rice:** 16;/**J S Sira:** 132;/**J S Sira - Vestra Wealths jardin du Gourmet, RHS Hampton Court Flower show 2013:** 22-1;/**Jenny Lilly:** 57-1;/**Jerry Harpur:** 24-2;/**Jo Whitworth:** 91-2;/**Jonathan Buckley:** 115-1;/**Jonathan Need:** 21-2;/**Maxine Adcock:** 94-1;/**Michael King:** 49-2;/**Paul Debois:** 48;/**Pernilla Bergdahl:** 127-2;/**Robert Mabic:** 11-1, 77, 116-1;/**Chris Burrows:** 106-2;/**Sarah Cuttle:** 134-1;/**Suzie Gibbons:** 89-2, 106-1, 114-1;/**Claire Higgins:** 135-6;/**Dave Bevan:** 135-2;/**FhF Greenmedia:** 135-1;/**Keith Burdett:** 134-4;/**Tommy Tonsberg:** 135-3; **GardenWorld Images/Andrea Jones:** 81;/**Cora Niele:** 109-1; **gartenfoto.eu/Martin Staffler:** 135-7; **Herwig, Modeste:** 4, 5, 20, 23, 93-1; **Matic, Kristijan:** 31, 40, 41-1, 41-2, 41-3, 42-1, 42-2, 43-1, 43-2, 43-3, 44-1, 44-2, 44-3, 45-1, 45-2, 46-1, 46-2, 47-1, 47-2, 47-3, 50-1, 50-2, 51-1, 51-2, 52-1, 52-2, 53-1, 53-2, 53-3, 54-1, 54-2, 54-3, 55-1, 55-2, 60-1, 60-2, 61-1, 61-2, 70-1, 70-2, 71-1, 71-2, 71-3, 72-1, 72-2, 73-1, 73-2, 74, 75-1, 75-2, 144, U4-2; **mauritius images/Alamy:** 35;/**GWI:** 34;/**Harpur Garden:** 39-1; **MBPImages/Visions Pictures:** 120-1; **MMGI/Bennet Smith:** 36;/**Claire Takacs:** 103-2;/**Heather Edwards:** 57-2;/**Marianne Majerus:** 19-1, 22-2, 28, 88, 102-1;/**Marianne Majerus/Patsy Seddon:** 13-1; **Nickig, Marion:** 17-1, 89-1, 92-2, 93-2, 96-1, 99-2, 100, 101-2, 104-1, 104-2, 114-2, 115-2, 117-2, 118-1, 118-2, 119-2, 120-2, 121-2, 124, 129-2, 133-2 **Pietrek, Sibylle:** 49-1, 105-1; **Sachse, Guido:** 134-2; **Schneider, Jutta/Will, Michael:** 113-2: **Shutterstock:** 134-3;/**Arina P Habich:** 63-2;/**Tatiana Volgutova:** 98-2; **Strauß, Friedrich:** 2/3, 6, 10, 13-2, 17-2, 25-2, 32, 68, 69, 79, 80, 90, 94-2, 96-2, 97-1, 99-1, 101-1, 102-2, 103-1, 108-2, 116-2, 117-1, 119-1, 125, 126, U4-1;/**CLIVE NICHOLS:** 128-1, 129-1;/**GBA/NouN:** 128-2;/**GBA/Wothe:** 98-1; **Take, Friederike/botanikfoto:** 107-1; **Timmermann, Annette:** 39-2, 111, 121; **Vietmeier, Andreas:** 134-5, 135-4, 135-5

Illustrationen im Innenteil von **Hauer, Florian:** 58, 59-1, 59-2, 82, 83-1, 83-2, 84, 85-1, 85-2, 86, 87-1, 87-2

DER AUTOR

Dr. Folko Kullmann ist Gartenbau-Ingenieur. Nach dem Studium der Gartenbauwissenschaften mit Schwerpunkt Pflanzenbau in Freising-Weihenstephan hat er an der Technischen Universität München promoviert. Stationen in Europas größter Baumschule und in Kew Gardens bei London folgte ein Volontariat bei einem Stuttgarter Ratgeberverlag. Seit 2004 lebt er seine grüne Passion nicht nur auf dem eigenen Balkon und im Garten aus, sondern auch als Buchautor, Lektor und Übersetzer von Gartenbüchern. Seit 2008 betreibt er mit seinem Partner ein auf Gartenthemen spezialisiertes Redaktionsbüro in Stuttgart.

DANKSAGUNG

Für die Produktion der Praxisbilder von Kristijan Matic mit Rebecca, Tanja und Claudia und für die Erlaubnis, Motive aus ihrem Garten zu verwenden, bedanken wir uns bei Roza und Anto Matic, Durlach.

IMPRESSUM

Umwelthinweis: Dieses Buch ist auf PEFC-zertifiziertem Papier aus nachhaltiger Waldwirtschaft gedruckt.

Projektleitung: Cornelia Nunn
Lektorat: Barbara Kiesewetter
Bildredaktion: Christina Freiberg, Dr. Folko Kullmann, Petra Ender (Cover)
Umschlaggestaltung und Layout: independent Medien-Design, Horst Moser, München
Grafik und Satz: Marion Feldmann
Produktion: Susanne Mühldorfer
Reproduktion: Longo AG, Bozen
Druck: aprinta, Wemding
Bindung: m.appl, Wemding

ISBN 978-3-8338-4215-3
6. Auflage 2017

www.facebook.com/gu.verlag

QUALITÄTS G|U GARANTIE

Liebe Leserin, lieber Leser,

haben wir Ihre Erwartungen erfüllt? Sind Sie mit diesem Buch zufrieden? Haben Sie weitere Fragen zu diesem Thema? Wir freuen uns auf Ihre Rückmeldung, auf Lob, Kritik und Anregungen, damit wir für Sie immer besser werden können.

GRÄFE UND UNZER Verlag
Leserservice
Postfach 86 03 13
81630 München
E-Mail:
leserservice@graefe-und-unzer.de

Telefon: 00800 / 72 37 33 33*
Telefax: 00800 / 50 12 05 44*
Mo–Do: 9.00–17.00 Uhr
Fr: 9.00–16.00 Uhr
(gebührenfrei in D, A, CH)*

Ihr GRÄFE UND UNZER Verlag
Der erste Ratgeberverlag – seit 1722.

Erklärung der Symbole

-☼- sonnig

◑ halbschattig

GRÄFE UND UNZER

Ein Unternehmen der
GANSKE VERLAGSGRUPPE